规范化健康养殖奶牛疾病防治技术

赵月兰 主编

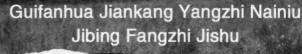

Guifanhua Jiankang Yangzhi Nainiu
Jibing Fangzhi Jishu

中国农业大学出版社
CHINA AGRICULTURAL UNIVERSITY PRESS

内 容 摘 要

本书主要内容包括奶牛场卫生防疫技术,奶牛场生物安全措施,安全用药知识,奶牛疾病防治及诊断基础知识,奶牛常见普通病防治技术,奶牛常见中毒病防治技术,奶牛常见营养与代谢病防治技术,奶牛主要传染病防治技术和奶牛常见寄生虫病防治技术。

本书内容丰富,技术先进,理论联系实际,可操作性强,通俗易懂。适合于从事奶业生产的科技人员、奶业管理的行政领导、畜牧兽医专业的学生及奶牛养殖者阅读,同时可作为奶牛养殖疾病防治的培训教材。

图书在版编目(CIP)数据

规范化健康养殖奶牛疾病防治技术/赵月兰主编. —北京:中国农业大学出版社,2015.2

ISBN 978-7-5655-1162-2

Ⅰ.①规… Ⅱ.①赵… Ⅲ.①乳牛-牛病-防治 Ⅳ.①S858.23

中国版本图书馆 CIP 数据核字(2015)第 016435 号

书　　名	规范化健康养殖奶牛疾病防治技术			
作　　者	赵月兰　主编			
策划编辑	潘晓丽		责任编辑	潘晓丽
封面设计	郑　川		责任校对	王晓凤
出版发行	中国农业大学出版社			
社　　址	北京市海淀区圆明园西路2号		邮政编码	100193
电　　话	发行部 010-62818525,8625		读者服务部 010-62732336	
	编辑部 010-62732617,2618		出　版　部 010-62733440	
网　　址	http://www.cau.edu.cn/caup		**e-mail** cbsszs@cau.edu.cn	
经　　销	新华书店			
印　　刷	涿州市星河印刷有限公司			
版　　次	2015年3月第1版　2015年3月第1次印刷			
规　　格	880×1 230　32开本　6.875印张　250千字			
定　　价	26.00元			

图书如有质量问题本社发行部负责调换

编委会

前　言

　　奶牛疾病不仅影响奶牛健康,导致奶牛发病或死亡,同时已成为影响牛奶及奶制品安全卫生的最重要因素之一,有效的奶牛疾病防控技术已成为奶牛场实现良好经济效益的必要条件。针对奶牛场奶牛疾病的发生特点,结合安全营养牛奶生产标准,人们力求以简单、实用、有效的方法控制奶牛疾病。

　　本书编者均为河北农业大学、河北省农业厅近 10 年来参加国家“十五”科技攻关计划项目“华北农区奶牛主要疫病防治技术研究与产业化示范(2002BA518A10-4)”、河北省科技攻关计划项目“奶牛主要疾病防制技术与产业化示范(03220404-4)”、国家“十一五”科技支撑计划项目“华北农区奶牛疾病综合防治技术的应用与示范(2006BAD04A10-4)”、河北省重大技术创新专项计划“奶牛疾病综合防治技术的研究与开发(07227146Z-4)”、河北省现代农业产业技术体系“奶牛产业创新团队建设项目(1004023)”、河北省科技计划项目“奶牛规模化健康养殖技术集成示范与应用（13826614D)”的主要成员,本书内容包含课题组多年来的多项研究成果;同时,也参考国内外其他学者最新的研究成果。本书编写的原则是“创新、科学和实用”,主要内容包括奶牛场卫生防疫技术,奶牛场生物安全措施,奶牛场安全用药知识,奶牛疾病防治及诊断基础知识,奶牛常见普通病防治技术,奶牛常见中毒病防治技术,奶牛常见营养与代谢病防治技术,奶牛主要传染病防治技术和奶牛常见寄生虫病防治技术。

　　本书内容丰富,技术先进,理论联系实际,通俗易懂,可操作性强,适合于从事奶业生产的科技人员、奶业管理的行政领导、畜牧兽医专业的学生及奶牛养殖者阅读,同时可作为奶牛养殖疾病防治的培训教材。

本书编写过程中参阅了大量国内外专家和学者的著作和论文,在此特致谢意。

由于编者水平有限,书中难免有错误和不足之处,敬请读者指正。

编　者

2015 年 1 月

目　录

一、奶牛场卫生防疫制度

☞ *1.* 什么是防疫制度和防疫计划?

为了切断疫病传播的各种途径,必须根据本场、本地区防疫工作的实际情况,建立健全切实可行的卫生防疫制度。对出入场区的人员、动物及其产品、各种器具实行严格的卫生管理,对本场动物免疫预防和消毒、灭鼠、杀虫等工作制定出具体明确的规定和要求,使场区卫生管理制度化、规范化。如所有人员进入生产区前必须更衣消毒,饲养人员不准相互串舍,所有用具与设备必须固定在本舍内使用,不准互相借用,出入车辆须经专用通道等。严格执行防疫制度,保证各项防疫措施落实到位,科学管理,这是有效控制各种疫病的重要前提。

防疫计划是根据本场饲养的动物种类与规模、饲养方式、疫病发生情况等而制定的具体预防措施。主要内容应包括如下几方面:

(1)动物疫病防治的方法和步骤,如疫病检测与诊断手段、疫病报告制度,消毒液的种类和浓度、用量、消毒范围,疫区、威胁区和封锁区的确定,染疫动物的处理等。

(2)人员组织及分工,明确各类人员的责任、权限和主要任务。

(3)经费来源及所需物资,包括疫苗、消毒药品、治疗药品、防护用品、器械等。

(4)统筹考虑防疫接种及消毒的对象、时间、接种的先后次序等。

☞2. 奶牛场日常卫生管理制度有哪些?

奶牛疾病防治必须坚持"预防为主"的方针,采取加强饲养管理、搞好环境卫生、开展防疫检疫、定期驱虫、预防中毒等综合性防治措施,将饲养管理工作和防疫工作紧密结合起来,建立日常卫生管理制度,以杜绝疫病的发生,确保养奶牛工作的顺利进行,向用户提供优质健康的种奶牛或商品奶牛。

(1)禁止无关人员进入生产区,减少人员流动。外来人员必须进生产区时,要更换场区工作服和工作鞋,并遵守场内防疫制度,按指定路线行走。

(2)保持良好的安静环境条件,避免和减轻各种应激反应。

(3)保持奶牛舍清洁卫生,通风良好,粪便及时清理。

(4)保持合理密度,避免过分拥挤、频繁捕捉和突然驱赶。

(5)禁止在场内屠宰和解剖牛只。

(6)场区内禁止饲养其他动物,严禁将其他动物、动物肉品及其副产品带进场内。

(7)奶牛场污水要进行无害化处理,避免其对本场及周围环境造成污染。

(8)定期防鼠、灭鼠、灭蚊蝇,定期驱虫。

☞3. 奶牛场定期消毒制度有哪些?

(1)场区及生产区入口设立消毒池,所有车辆需经彻底消毒后方可进入。

(2)工作人员进入生产区净道和奶牛舍要更衣、紫外线消毒。

(3)奶牛舍、料槽、水槽等每周消毒一次,产房每次使用前清洗、消毒。

(4)传染病扑灭后及疫区(点)解除封锁前,必须进行一次终末大消毒。

(5)成牛售出及犊牛转群后,牛舍及用具彻底消毒,空闲 14 d 后才能再次使用。

(6)及时清理垫料和粪便,采用堆积发酵法杀灭病菌和虫卵。

(7)消灭蚊蝇滋生地,杀虫,灭鼠,消灭疫病的传播媒介。

(8)消毒时,先将奶牛舍、用具及运动场内的粪尿污物清扫干净,或铲去表层土壤,再用消毒药物喷洒、熏蒸或火焰喷射彻底消毒。

(9)消毒药可选用新配制的 10%~20%石灰乳、2%~5%氢氧化钠、0.2%~0.5%过氧乙酸溶液、0.1%新洁尔灭、漂白粉等。

☞ 4. 奶牛场饲养人员和兽医定期巡视制度有哪些?

(1)饲养人员应随时留心观察牛群的状态,尤其要注意采食量、饮水量、粪便的异常;反刍、呼吸及步态的异常。发现异常立即报告兽医。

(2)兽医每日早、中、晚各一次定时深入牛舍观察奶牛情况。

☞ 5. 新引入奶牛和病牛隔离制度有哪些?

(1)新引入奶牛应在隔离圈内隔离饲养 2 个月,确认健康后方可进入生产区,进入生产区前进行体表消毒并补注有关疫苗。

(2)病奶牛应在隔离圈内隔离治疗,痊愈后经消毒才能与健康奶牛合群饲养。

(3)隔离圈内奶牛的排泄物应经专门处理后才能用作肥料。

(4)兽医及饲养人员进出隔离圈要及时消毒。

(5)隔离圈应位于奶牛场主风向的下风向,与健康奶牛圈有一定的距离或有墙隔离,隔离圈内奶牛应有专人饲喂,严禁隔离圈的设备、用具及饲养员进入健康奶牛圈。

(6)不能治愈而淘汰的病奶牛和病死奶牛尸体应在兽医监督下合理处理,粪便和垫料等送往指定地点销毁或深埋,然后彻底消毒隔离圈。

☞ **6. 疫情报告及病死动物无害化处理制度是什么?**

(1)饲养人员发现异常奶牛后,应立即报告兽医,准确说明病奶牛的位置(舍号、圈号)、病奶牛号、发病情况等。

(2)兽医人员接到报告后,应立即对病奶牛进行诊断和治疗;发现传染病和病情严重时,立即报告奶牛场领导,并提出相应的治疗或处理方案。发现疫情时要立即报告场长,由场长向动物卫生监督机构或动物疫病预防与控制机构报告,逐级上报疫情。

(3)对于疑似烈性传染病例或疑似人畜共患传染病例禁止解剖。

(4)所有病死奶牛不得出售,不得食用,不得随意丢弃。

(5)病死奶牛及其排泄物必须在动物卫生监督部门监督下进行无害化处理,并做好周边地区消毒工作,严防污染环境或疫情传播。

(6)无害化处理后,相关人员要做好处理记录,以便有关部门或人员查阅。

☞ **7. 定期免疫预防与检疫制度是什么?**

(1)配合畜牧兽医行政部门定期检疫、监测口蹄疫、结核病和布鲁氏菌病,出现疫情时,采取相应的净化措施。

(2)有计划地对健康奶牛群进行免疫接种,严格执行养殖场的奶牛群免疫程序,建立有效的疫病预防体系。奶牛用疫苗(包括菌苗)种类多,免疫方法各不相同。因此每一养牛场都应从本场的实际情况出发,制定出适合本场特点的免疫程序,有效地预防传染病的发生。奶牛用疫苗(包括菌苗)种类主要有口蹄疫疫苗、炭疽疫苗、伪狂犬病疫苗、气肿疽疫苗、副结核病疫苗、牛巴氏杆菌疫苗和布鲁氏菌疫苗等。

(3)依据奶牛寄生的虫体种类,选择恰当的药物适时驱虫。

(4)建立疫苗出入库制定,严格按要求贮存疫苗,确保疫苗的有效性。凡是过期、变质、失效的疫苗一律禁止使用。

(5)废弃疫苗及使用过的废弃物要作无害化处理。

(6)奶牛接种疫苗后按规定佩戴免疫标识。

(7)引进牛检疫:由国内异地引进奶牛,要按规定对结核病、布鲁氏菌病、传染性鼻气管炎、白血病等进行检疫。从国外引进的奶牛除按进口检疫程序检疫外,应对白血病、传染性鼻气管炎、黏膜病、副结核病、蓝舌病等复查一次。引进牛到达调入地后,在当地动物防疫监督机构监督下,进行隔离观察饲养14 d,确定健康后方可混群饲养。

(8)疯牛病预防:禁止在奶牛饲料中添加和使用反刍动物源性肉骨粉等动物源性饲料。

☞ 8. 兽药使用管理制度有哪些?

(1)加强饲养管理,坚持预防为主,尽量减少化学药物和抗生素的使用。

(2)根据发病情况,选择适当药物进行疫病防治,严格执行休药期。

(3)所用兽药应有产品批准文号,其质量符合《中国兽药典》或农业部有关兽药质量标准。

(4)严格按照国家有关规定和标签说明合理保管和使用兽药,不任意加大剂量。

(5)禁止使用未经农业部批准的或国家明令禁止的兽药和瘦肉精等其他化合物,不使用原料药和人用药。

(6)使用兽药和饲料药物添加剂,出栏前应严格执行休药期规定,没有规定休药期的,休药期不应少于 28 d。

☞ **9 . 疾病防治档案管理制度有哪些?**

疾病防治资料应及时收集、归档,做永久性保存。

(1)免疫预防档案:包括接种疫苗种类、批号,生产厂家,接种时间,奶牛年龄,接种后反应及免疫效果等。

(2)疾病治疗档案:包括与奶牛病情有关的一切材料,如病奶牛号、圈位、发病时间、临床症状、诊断、治疗经过、处方等,还应包括预后、死亡原因、剖检变化及尸体处理等。

二、奶牛场的生物安全措施

☞ *1.* **什么是生物安全措施？奶牛场生物安全措施包括哪些方面？**

奶牛场的生物安全是指采取有效的疾病防制措施和防污染措施，以预防传染病和污染物传入奶牛场并防止其传播的专业术语。

从控制疫病流行的3个基本环节入手，采取有效生物安全防控措施，防止疫病发生，促进奶牛达到更高的生产性能，才能取得良好的经济效益。

（1）减少和消灭传染源：新建奶牛场选址时应该尽量远离其他养殖场，奶牛场布局应该与办公区、生活区和生产区分开，净污分道。坚持自繁自养，减少病原体随购进种奶牛传入；对病奶牛及时进行隔离，防止病原进一步扩散。

（2）切断传播途径：人员和车辆用具等进入场舍必须进行消毒，对地面、圈舍、用具等进行定期消毒；进行奶牛免疫或者治疗时必须更换针头，做到一头奶牛一个针头，奶牛舍之间用具不得混用；对饲料、饮水等进行检测，避免微生物污染。

（3）降低动物的易感性：搞好环境卫生，提高饲料营养水平，提高奶牛的体质；科学地进行免疫，提高奶牛特异性免疫力。

☞ *2.* **环境卫生和设施条件有哪些？**

（1）新建奶牛养殖场应选择平坦、背风向阳、排水良好的地点，周围应设绿化隔离带。具有清洁、无污染的充足水源，地下水位在2 m

以下。建筑牛舍时,地面、墙壁应选用便于清洗消毒的材料,以利于消毒,具备良好的粪尿排出系统。奶牛养殖场内,净道与污道分开,避免交叉,排污遵循减量化、无害化和资源化原则。牛场与其他畜牧场、居民区及交通要道保持 500～1 000 m 或以上距离。

(2)进出奶牛场的大门设车辆消毒池,主大门的侧门设行人消毒池,有条件的设人员消毒室和喷雾消毒设施。消毒室中安装紫外灯,设洗手盆。

(3)常年保持牛舍及其周围环境的清洁卫生、整齐,创造园林式的生态环境。运动场无石头、硬块及积水,每天要清扫牛舍、牛圈、牛床、牛槽;粪便、污物应及时清除出场,进行堆积发酵处理。禁止在牛舍及其周围堆放垃圾和其他废弃物,病畜尸体及污水污物进行无害化处理,胎衣应深埋。

(4)夏季做好防暑降温及消灭蚊蝇工作,每周灭蚊蝇一次。冬季做好防寒保温工作,如架设防风墙,牛床与运动场内铺设褥草等。

(5)奶牛场应设专用病牛隔离舍和粪便处理场所,配套相应设施。

☞ 3. 奶牛场消毒的种类有哪些?

消毒即在病原微生物侵入牛体之前,于牛体之外将其杀死,以减少和控制疫病的发生。

(1)预防性消毒:在正常情况下,为了预防牛传染病的发生所进行的定期消毒。常用的消毒方法有机械性清除、物理性消毒法、化学性消毒法和生物性消毒法。经常进行的消毒有牛舍消毒、空舍的消毒、管理器材消毒、工作服消毒、洗手消毒、脚踏消毒、饮水消毒等。

(2)随时消毒:在发生疫病时,为了及时消灭病畜体内排出的病原体而采取的消毒措施。消毒的对象包括病牛所在的牛舍、隔离场地以及病牛分泌物、排泄物和可能污染的一切场所、用具和物品,通常在解除封锁前,进行定期的多次消毒,病牛隔离舍应每天和随时进行消毒。

(3)终末消毒:在病牛解除隔离、痊愈或死亡后,或疫区解除封锁之前,为了消灭疫区内可能残留的病原体所进行的全面彻底的大消毒。

(4)土壤表面可用 10％漂白粉溶液、4％福尔马林或 10％氢氧化钠溶液。或铲去表层土壤再进行消毒;粪便消毒多使用生物热消毒法,即在距牛场 500～1000 m 以外的地方设一堆粪场,将牛粪堆积起来,上面覆盖 10 cm 厚的沙土,堆放发酵即可用作肥料。

☞ 4. 奶牛场常用的消毒设施有哪些?

为了预防外来病原微生物传入本场,及时消灭本场的病原微生物,一般规模化牛场应该配备以下消毒设施。

(1)消毒室:该设施是对进入牛场人员的消毒。一般设在场大门口门卫室旁边,在消毒室内地面上铺上消毒地垫,定期补充消毒液,用于对入场人员的鞋底消毒。在消毒室顶棚设置紫外灯管,一般在不同的方向设置 4 根,保证对进入消毒室的人员从不同的角度全方位进行紫外照射消毒,进行入场人员的衣服等表面消毒。同时消毒室配备消毒液和水盆,供入场人员洗手消毒使用。

(2)消毒更衣室:供本场人员进入生产区使用。一般人员先换好专用的工作服和鞋子,进入消毒通道,从消毒池中穿过。

(3)大型消毒池:一般设置于生产区的正门,供出入的车辆通过时消毒使用。其中消毒池的宽度要超过最大车轮周长的 1.5 倍,深度不少于 10 cm。

(4)小型消毒池:一般设置于牛栏舍入口,供出入牛舍的人员消毒鞋底使用。深度一般不少于 10 cm。

(5)焚尸池:用于对病死尸体的处理,大小可以根据奶牛场规模而定。

☞ *5*. 奶牛场常用的消毒药物有哪些?

常用的消毒药有过氧化物类消毒剂、醇类消毒药剂、酚类消毒剂、醛类消毒剂、卤素类消毒剂、碱类制剂、季铵盐类消毒剂等。但在奶牛场中不要使用酚类消毒剂!

(1)氧化剂类消毒剂:过氧乙酸(市售浓度为 20%左右)、高锰酸钾、过氧化氢等。

(2)醇类消毒药:最常用的是 70%乙醇和异丙醇等。

(3)酚类消毒剂:苯酚(石炭酸)、来苏儿(皂化甲酚溶液)、菌毒敌消毒剂(原名农乐,复合酚),农福等;这些酚类消毒剂均不能在奶牛场中使用。

(4)醛类消毒剂:福尔马林(37%～40%甲醛溶液)等。

(5)卤素类消毒剂:漂白粉、次氯酸钠、二氧化氯、二氯异腈脲酸钠、碘类消毒剂。

(6)碱类制剂:火碱(氢氧化钠)、生石灰(氧化钙,10%～20%石灰乳,且宜现用现配)。

(7)季铵盐类消毒剂:新洁尔灭、洗必泰、杜灭芬、双季铵盐(百毒杀)。

☞ *6*. 奶牛场消毒安全控制措施有哪些方面?

(1)环境消毒:在大门口和牛舍入口设消毒池,使用 2%～4%火碱消毒,原则上每天更换一次。牛舍周围环境及运动场每周用 2%氢氧化钠或撒生石灰消毒一次;场周围、场内污水池、下水道等每月用漂白粉消毒一次。

(2)人员消毒:工作人员进入生产区应更衣和紫外线消毒,工作服不应穿出场外。外来参观者进入场区参观应彻底消毒,更换场区工作服和工作鞋,并遵守场内防疫制度。在紧急防疫期间,禁止外来人员进入生产区参观。

(3)牛舍消毒:牛舍定期彻底清扫干净,用高压水枪冲洗牛床,并进行喷雾消毒;运动场及其周围环境每周消毒一次,可用2%火碱消毒或撒生石灰。

(4)用具消毒:定期对饲喂用具、料槽和饲料车等进行消毒,夏季每两周消毒一次,冬季一个月消毒一次。可选用0.1%新洁尔灭或0.2%~0.5%过氧乙酸;日常用具如兽医用具、助产用具、配种用具、挤奶设备和奶罐车等在使用前后应进行彻底清洗和消毒。

(5)带牛环境消毒:定期进行带牛环境消毒,特别是传染病多发季节,有利于减少环境中的病原微生物,以减少传染病和蹄病等发生。带牛环境消毒应避免消毒剂污染到牛奶中。可用于带牛环境消毒的消毒药有0.1%新洁尔灭,0.3%过氧乙酸,0.1%次氯酸钠。

(6)牛体消毒:在进行挤奶、助产、配种、注射及其他任何接触奶牛的操作前,先对相关部位进行消毒。

(7)生产区设施清洁与消毒:每年春秋两季,用0.1%~0.3%过氧乙酸或1.5%~2%烧碱对牛舍、牛圈进行一次全面大消毒。

(8)粪便处理:牛粪采取堆积发酵处理,堆积处每周用2%~4%烧碱消毒一次。

(9)饲料存放处要定期进行清扫、洗刷和药物消毒。

☞ 7. 发现病牛时应采取什么措施?

通过采取各种方法降低已经存在于牛群中某种传染病的发病率和死亡率,并将该种传染病限制在局部范围内加以就地扑灭。包括患病牛的隔离、消毒、治疗、紧急免疫接种或封锁疫区、扑杀传染源等方法,以防止疫病在易感牛群中蔓延。

(1)及时对患病牛群采取隔离、检查和诊断措施;兽医人员要立即向上级部门报告疫情。

(2)对发病牛或可疑牛污染的场所进行紧急消毒处理,确诊为法定一类疫病、危害性大的人和动物共患病或外来疫病时,应立即采取以封锁疫区和扑杀传染源为主的综合性防疫措施。

(3)疫点和疫区周围的牛群立即进行疫苗紧急接种,并根据疫病的性质对患病牛进行及时、合理的治疗或处理。

(4)患病死亡或淘汰的牛只或其尸体应按法定程序进行合理的处理。

(5)全面系统地对周围动物群进行检疫和监测,以发现、淘汰或处理各种病原携带者。

三、奶牛场安全用药知识

☞ 1. 奶牛场兽医室常用抗微生物药品有哪些?

(1)青霉素钾(钠):肌肉注射,1万～2万 U/kg 体重,每日 2～3 次,连用 2～3 d。奶废弃期 3 d。

(2)普鲁卡因青霉素,肌肉注射,一次量 1万～2万 U/kg 体重,每日 1 次,连用 2～3 d,休药期 10 d,奶废弃期 3 d。

(3)氨苄西林:肌肉注射,10～20 mg/kg 体重,每日 2 次,连用 2～3 d。休药期 6 d,奶废弃期 2 d。

(4)硫酸链霉素:肌肉注射,10～15 mg/kg 体重,每日 2 次,连用 2～3 d。休药期 14 d,奶废弃期 2 d。

(5)盐酸土霉素:肌肉注射,5～10 mg/kg 体重,每日 1 次,连用 2～3 d。休药期 19 d,泌乳期禁用。

(6)磺胺嘧啶钠:肌肉注射,静脉注射,50～100 mg/kg 体重,每日 1～2 次,连用 2～3 d。休药期 10 d,奶废弃期 2.5 d。

(7)磺胺二甲嘧啶钠:静脉注射,一次量 50～100 mg/kg 体重,每日 1～2 次,连用 2～3 d,休药期 10 d,泌乳期禁用。

(8)头孢氨苄:乳管注入,每个乳室 200 mg,每日 2 次,连用 2 d,奶废弃期 2 d。

(9)恩诺沙星:肌肉注射,一次量 2.5 mg/kg 体重,每日 1～2 次,连用 2～3 d,休药期 28 d,泌乳期禁用。

☞ **2. 奶牛场兽医室常用抗寄生虫药品有哪些?**

(1)丙硫苯咪唑:内服,15～50 mg/kg 体重,每日 1 次,连用 2～3 d。妊娠 45 d 内禁用。

(2)碘醚柳胺:内服,一次量 7～12 mg/kg 体重。休药期 60 d,泌乳期禁用。

(3)盐酸左旋咪唑:内服,一次量 7.5 mg/kg 体重。休药 2 d,泌乳期禁用。皮下、肌肉注射,一次量 7.5 mg/kg 体重,休药期 14 d,泌乳期禁用。

(4)吡喹酮:内服,15～30 mg/kg 体重。

(5)贝尼尔:肌肉注射,3～5 mg/kg 体重,间隔 1～2 d 使用 2～3 次。

(6)黄色素:静脉注射,3～4 mg/kg 体重,间隔 1～2 d 使用 2～3 次。

(7)伊维菌素:皮下注射,一次量 0.2 mg/kg 体重,休药期 35 d,泌乳期禁用。

(8)阿苯达唑:内服,一次量 10～15 mg/kg 体重,休药期 27 d,泌乳期禁用。

(9)双甲脒:药浴、喷洒、涂擦,配成 0.025%～0.05%的溶液,休药期 1 d,奶废弃期 2 d。

(10)氰戊菊酯:喷雾,配成 0.05%～0.1%的溶液,休药期 1 d,奶废弃期无。

☞ **3. 奶牛场兽医室常用健胃及助消化药品有哪些?**

苦味酊、稀盐酸、番木鳖酊、人工盐、硫酸镁、液状石蜡油、松节油等。

☞ **4. 奶牛场兽医室常用补充体液药品有哪些?**

0.9%氯化钠、复方氯化钠注射液、5%葡萄糖、10%葡萄糖、25%葡萄糖、10%氯化钙、5%碳酸氢钠等。

☞ **5. 奶牛饲养兽药使用准则是什么?**

奶牛饲养者应供给奶牛充足的营养,使用优质饲料、饲料添加剂和清洁饮水。加强饲养管理,采取各种措施以减少应激,增强动物自身的免疫力。应制定科学的免疫程序并严格执行,建立严格的生物安全体系,防止奶牛发病和死亡,最大限度地减少化学药品和抗生素的使用。确需使用药物治疗的,经兽医诊疗部门确诊后再对症下药,兽药的使用应在兽医技术人员的指导下进行。所用兽药应来自正规生产厂家,具有厂名、厂址、联系方式等企业信息,同时还应具有兽药生产许可证号、产品批准文号等产品信息,选择高质量的兽药,保障用药效果。除此以外,还应遵守以下原则。

(1)应使用合格的疫苗预防奶牛疾病。

(2)应使用消毒防腐剂定期对饲养环境、厩舍和器具进行消毒。但不能使用酚类消毒剂。

(3)可以使用合格的中药材和中成药预防和治疗奶牛疾病。

(4)允许使用符合规定的钙、磷、硒、钾等补充药,酸碱平衡药,体液补充药,电解质补充药,血容量补充药,抗贫血药,维生素类药,吸附药,泻药,润滑剂,酸化剂,局部止血药,收敛药和助消化药。

(5)允许使用国家兽药管理部门批准的微生态制剂。

(6)允许使用附录A中的抗菌药、抗寄生虫药和生殖激素类药,使用中应注意以下几点:

①严格遵守规定的给药途径、使用剂量、疗程和注意事项。

②休药期应严格遵守附录 A 中规定的时间。

③附录 A 中未规定休药期的品种,应遵守肉不少于 28 d、奶废弃期不少于 7 d 的规定。

④抗寄生虫药外用时注意避免污染鲜奶。

(7)慎用作用于神经系统、循环系统、呼吸系统、泌尿系统的兽药及其他兽药。

(8)建立并保存奶牛的免疫程序记录;建立并保存患病奶牛的治疗记录,包括患病奶牛的畜号或其他标志、发病时间及症状、治疗用药的经过、治疗时间、疗程、所用药物商品名称及有效成分。

(9)禁止使用有致畸、致癌和致突变作用的兽药。

(10)禁止在饲料及饲料产品中添加未经国家畜牧兽医行政管理部门批准的《饲料药物添加剂使用规范》以外的兽药品种,特别是影响奶牛生殖的激素类药、具有雌激素样作用的物质、催眠镇静药和肾上腺素能药等兽药。

(11)禁止使用未经国家畜牧兽医行政管理部门批准作为兽药使用的药物。

(12)禁止使用未经国家畜牧兽医行政管理部门批准的用基因工程方法生产的兽药。

(13)奶牛饲养允许使用的抗菌药、抗寄生虫药和生殖激素类药及使用规定,参见《无公害食品奶牛饲养兽药使用准则》附录 A(规范性附录)(NY 5046—2001)。

四、奶牛疾病防治及诊断基础知识

☞ *1.* **如何观察牛的几项正常生理指标？**

食欲是牛健康的最可靠指证。一般情况下，只要生病，首先就会影响到牛的食欲。

早上给料时看饲槽是否有剩料，对于早期发现疾病是十分重要的。另外，反刍能很好地反映牛的健康状况。健康牛每日反刍 8 h 左右，特别晚间反刍较多。

成年牛的正常体温为 38～39℃，犊牛为 38.5～39.8℃。

成年牛每分钟呼吸 15～35 次，犊牛 20～50 次。

一般成年牛脉搏数为每分钟 60～80 次，青年牛 70～90 次，犊牛为 90～110 次。

正常牛每日排粪 10～15 次，排尿 8～10 次。健康牛的粪便有适当硬度，牛粪为一节一节的，但肥育牛粪稍软，排泄次数一般也稍多，尿一般透明，略带黄色。

☞ *2.* **怎样给牛测体温？**

测温前，先把体温计的水银柱甩到 35℃ 以下，涂上润滑剂或水。检查人站在牛正后方，左手提起牛尾，右手将体温计向前上方徐徐插入肛门内，用体温计夹子夹在尾根部毛上，3～5 min 后取出并读数。

☞ *3* . **怎样观察牛咳嗽?**

健康牛通常不咳嗽,或仅发一两声咳嗽。如连续多次咳嗽,常为病态。通常将咳嗽分为干咳、湿咳和痛咳。干咳,声音清脆,短而干,疼痛比较明显。干咳常见于喉炎、气管异物、气管炎、慢性支气管炎、胸膜肺炎和肺结核病。湿咳,声音湿而长,钝浊,随咳嗽从鼻孔流出大量鼻液。湿咳常见于咽喉炎、支气管炎、支气管肺炎。痛咳,咳嗽时声音短而弱,病牛伸颈摇头。痛咳见于呼吸道异物、异物性肺炎、急性喉炎、胸膜炎、创伤性网胃炎、创伤性心包炎等。此外,还可见经常性咳嗽,即咳嗽持续时间长,常见于肺结核病和慢性支气管炎。

☞ *4* . **怎样观察牛反刍?**

健康牛一般在喂后 0.5~1 h 开始反刍,通常在安静或休息状态下进行。每天反刍 4~10 次,每次持续 20~40 min,有时到 1 h。反刍时返回口腔的每个食团约进行 40~70 次咀嚼,然后再咽下。

☞ *5* . **怎样观察牛嗳气?**

健康牛一般每小时嗳气 20~40 次。嗳气时,可在牛的左侧颈静脉沟处看到由下而上的气体移动波,有时还可听到咕噜声。嗳气减少,见于前胃弛缓、瘤胃积食、真胃疾病、瓣胃积食、创伤性网胃炎、继发前胃功能障碍的传染病和热性病。嗳气停止,见于食道梗塞,严重的前胃功能障碍,常继发瘤胃鼓气。当牛发生慢性瘤胃弛缓时,嗳出的气体常带有酸臭味。

☞ 6. 怎样检查牛的眼结膜？

检查牛眼结膜，通常需检查牛的眼球结膜，即巩膜和眼睑结膜。检查时，两手持牛角，使牛头转向侧方，巩膜自然露出。检查眼睑结膜时，用大拇指将下眼睑压开。结膜苍白、结膜弥漫性潮红和结膜黄染等变化，均属疾病状态。

☞ 7. 怎样检查牛的呼吸数与呼吸方式？

在安静状态下检查牛的呼吸数。一般站在牛胸部的侧前方或腹部的侧后方观察，胸腹部的一起一伏是一次呼吸。计算 1 min 的呼吸次数，健康犊牛为每分钟 20～50 次，成年牛每分钟为 15～35 次。在炎热季节、外界温度过高、日光直射、圈舍通风不良时，牛的呼吸数增多。

健康牛的呼吸方式呈胸腹式，即呼吸时胸壁和腹壁的运动强度基本相等。检查牛的呼吸方式，应注意牛的胸部和腹部起伏动作的协调和强度。如出现胸式呼吸，即胸壁的起伏动作特别明显，多见于急性瘤胃鼓气、急性创伤性心包炎、急性腹膜炎、腹腔大量积液等。如出现腹式呼吸，即腹壁的起伏动作特别明显，常提示病变在胸壁，多见于急性胸膜炎、胸膜肺炎、胸腔大量积液、心包炎及肋骨骨折、慢性肺气肿等。

☞ 8. 如何检查牛的脉搏数？

在安静状态下检查牛的脉搏数。通常是触摸牛的尾中动脉。检查人站立在牛的正后方，左手将牛的尾根略微抬起，用右手的食指和中指压在尾腹面的尾中动脉上进行计数。计算 1 min 的脉搏数。

☞ *9.* 怎样看牛的鼻液是否正常？

健康牛有少量的鼻液,并常用舌头舔掉。如见较多鼻液流出则可能为病态。通常可见黏液性鼻液、脓性鼻液、腐败性鼻液、鼻液中混有鲜血、鼻液呈粉红色、铁锈色鼻液。鼻液仅从一侧鼻孔流出,见于单侧的鼻炎、副鼻窦炎。

☞ *10.* 怎样检查牛的口腔？

进行牛的口腔检查,用一只手的拇指和食指,从两侧鼻孔捏住鼻中隔并向上提,同时用另一只手握住舌并拉出口腔外,即可对牛的口腔全面观察。

健康牛口腔黏膜为粉红色,有光泽。

口腔黏膜有水疱,常见于水疱性口炎和口蹄疫。

口腔过分湿润或大量流涎,常见于口炎、咽炎、食道梗塞、某些中毒性疾病和口蹄疫。

口腔干燥,见于热性病,长期腹泻等。

当牛食欲下降或废绝,或患有口腔疾病时,口内常发生异常的臭味。

当患有热性病及胃肠炎时,舌苔常呈灰白或灰黄色。

☞ *11.* 怎样看牛排粪是否正常？

正常牛在排粪时,背部微弓起,后肢稍微开张并略往前伸。每天排粪 10～18 次。

排粪带痛,在排粪时表现疼痛不安,弓腰努责,常见于腹膜炎、直肠损伤和创伤性网胃炎等。

牛不断地做排粪动作,但排不出粪或仅排出很少量,见于直肠炎。

病牛不采取排粪姿势,就不自主地排出粪便,见于持续性腹泻和腰荐部脊髓损伤。

排粪次数增多,不断排出粥样或水样便,即为腹泻,见于肠炎、肠结核、副结核及犊牛副伤寒等。

排粪次数减少、排粪量减少,粪便干硬、色暗,外表有黏液,见于便秘、前胃病和热性病等。

☞ *12.* 如何进行牛排尿与尿液感官检查?

观察牛在排尿过程中的行为与姿势是否异常。牛排尿异常有:多尿、少尿、频尿、无尿、尿失禁、尿淋漓和排尿疼痛。

尿液感官检查,主要是检查尿液的颜色、气味及量等。健康牛的新鲜尿液清亮透明,呈浅黄色。排出的尿液异常有:强烈氨味、醋酮味、尿色变深、尿色深黄、红尿、白尿和尿中混有脓汁。

☞ *13.* 如何进行临床问诊?

主要是向饲养员了解病牛的发病时间、地点、发病经过、病后的表现、治疗情况及效果、畜群发病情况、饲养管理情况、预防注射及既往史等。

☞ *14.* 如何进行皮肤及被毛检查?

观察被毛是否整齐、光亮。被毛粗糙无光泽、不按季节脱毛、秃毛等常见于慢性病和皮肤病;触诊和观察皮肤的温度、湿度、弹性、颜色和感觉。角温热,鼻镜干而热,则表明发热或脱水。

☞ *15.* 如何听诊牛的心音？

成年奶牛的正常心率为每分钟 40～80 次。

听诊部位：左侧肘突前上方附近的第 3～5 肋间为奶牛的心音听诊部位。

心脏听诊的基本内容有以下几方面：

(1)听心率、心音：包括心音的强弱和心率的快慢。

(2)听有无心率不齐：心音间隔或心音强弱不一致。

(3)听有无心音分裂：第一心音或第二心音中间有停顿。

(4)听有无心包摩擦音、心包拍水音：这是心包炎的一个典型症状。

☞ *16.* 怎样检查牛的天然孔道？

天然孔道主要指肛门、鼻孔、口、眼及公牛的尿道外口和母牛的阴门。其主要检查内容包括：

(1)外观有无损伤。

(2)黏膜色泽有无异常。

(3)分泌物或排泄物的形态、色泽及气味有无异常。

(4)开张、松弛或紧闭状况有无异常。

☞ *17.* 怎样检查牛的浅表淋巴结？

检查时注意淋巴结的位置、大小、形状、硬度、温度、敏感性及移动性。淋巴结的病理变化有以下几种。

急性肿胀：淋巴结体积增大，温热敏感，表面光滑，坚实，活动受限。见于白血病等。

慢性肿胀:淋巴结坚硬,表面凹凸不平,无热无痛,无移动性。见于结核。

☞ *18.* **怎样检查牛的体表静脉?**

主要观察潜在静脉(如颈静脉、乳房静脉)的充盈状态及颈静脉的搏动情况。

潜在静脉过度充盈,隆起呈索状,一般是由于心功能障碍或静脉回流受阻引起。

观察颈静脉是否搏动,搏动高度是否超过颈下部 1/3,同时用手指压迫颈静脉中部,观察加压后近心端及远心端的搏动是否消失,如均消失,为阴性搏动,是生理现象。如近心端不消失,为阳性搏动,可见于三尖瓣闭锁不全。

☞ *19.* **怎样确定牛的听诊和叩诊区?**

牛肺脏听诊区分为胸部和肩前两部分。胸部听诊区近似三角形,其前界为自肩胛骨后角沿肘肌向下所引近似"S"形曲线,止于第 4 肋间;后下界为从第 12 肋骨与上界线相交处开始,向下向前所引经髋结节水平线与第 11 肋骨相交点、肩端水平线与第 8 肋骨相交点。肩前听诊区是在肩前第 1~3 肋间所呈现的上宽 6~8 cm,下宽 2~3 cm 的狭窄区。

牛心脏听诊区为:主动脉瓣音,在左侧第 4 肋间,肩关节水平线下方 1~2 指处;二尖瓣音,在左侧第 4 肋间,主动脉瓣音听取点的下方;三尖瓣音,在右侧第 3 肋间或第 4 肋骨上胸廓下 1/3 的中央水平线上;肺动脉瓣音,在左侧第 3 肋间,胸廓下 1/3 的中央水平线的下方。

牛瘤胃在左肷部。牛的网胃触诊或叩诊位置在左侧剑状软骨区与 6~8 肋相对应的区域内。牛瓣胃的检查在右侧第 7~9 肋间的肩关节水平线上、下 2~3 cm 的范围内进行听诊或触诊。牛真胃的检查,在右侧第 9~11 肋间,沿肋弓下进行听诊或触诊。牛的肠音听诊,可在右腹侧听取。

☞ 20. 怎样检查牛的腹部?

观察腹围的大小、形状及肷窝的充满程度,站于动物一侧,用手腕做间歇性推压或以手指垂直冲击触诊,以感知腹腔内容物的形状、腹肌的紧张度,并观察动物的反应。

☞ 21. 怎样检查牛的瘤胃?

检查者站于动物左侧,一只手置于动物的背部,另一只手用手掌或拳反复用力触压左肷部,以感知内容物的性状,静置以感知蠕动次数和力量;以手指在左肷部叩击,判定内容物的状态;用听诊器听诊,听取蠕动音的次数、强度及每次蠕动的持续时间。

☞ 22. 怎样检查牛的网胃?

检查者站于动物的左侧,左膝屈曲于牛腹下,将左肘支于左膝上,左拳抵在动物剑状软骨突起部,用力抬腿,以拳顶压网胃区;或用一木棒横置于牛的剑状软骨区,由两人自两侧同时用力上抬,迅速下放。

检查时主要注意观察动物是否表现有疼痛不安、呻吟、抗拒、企图卧下等反应。此外还可驱赶动物走下坡路或急左转弯,观察动物的反应,还要注意观察其起卧姿势。

☞ *23*. 怎样给奶牛网胃吸铁？

取铁最好在采食前进行。将牛保定在柱栏或牛舍的饲喂栏中,充分保定牛头部,然后灌服 2～4 L 饮用水。将管桶状开口器插入牛的口腔,固定好开口器。把取铁器充分送入牛胃内,把取铁器的钢丝绳固定在牛口腔外,让取铁器在牛胃内停留至少 30 min。拉出取铁器,去掉开口器,清除取铁器磁铁上吸附的铁质异物。

☞ *24*. 怎样检查牛的瓣胃？

用听诊器在右侧第 7～9 肋间肩关节水平线上下 3～5 cm 的范围内进行听诊;用手强力触压或用拳轻击瓣胃区,观察是否有疼痛反应。

☞ *25*. 怎样检查牛的真胃？

观察右肋弓是否向后外侧方隆凸,加压触诊右肋区是否有椭圆形坚实的团块状,用听诊器听是否有蠕动音。

☞ *26*. 怎样给牛洗胃？

牛在六柱栏内站立保定,口腔内装置开口器,通过口腔向胃内插入胃导管,外端接上漏斗,将温水、0.1％高锰酸钾液或淡盐水等灌入胃内,每次灌入量为 5～15 L。待漏斗内尚有少量液体时,迅速放低漏斗及外端胃管,同时压低牛头,使药液自胃导管排出。如此反复数次,直至洗净胃内的有害液体和物质为止。也可在瘤胃切开后,插入粗导管,从瘤胃内直接导出腐败酸臭的内容物,并用温水反复冲洗。

☞ 27. 怎样给牛灌肠？

灌肠是向直肠内注入大量的药液、营养液或温水,直接作用于肠黏膜,以便清除直肠内的积粪、肠内分解产物或炎性渗出物,达到治疗肠便秘、肠套叠等疾病的目的。

牛站立保定,将尾巴拉向体侧或用绳子吊起,将微温的灌肠液注入吊桶内,灌肠时先放低吊桶,随后将吊桶胶管徐徐插入肛门内,然后高举吊桶,使药液流入直肠内,灌完后拉出胶管,放下尾巴,解除保定。

在灌肠过程中用手将胶管和肛门一起捏住,防止灌入的液体流出。当动物努责时不可将胶管向深部用力推送,以防损伤肠黏膜。

☞ 28. 怎样给牛采血？

主要有以下几种方法:

(1)颈静脉采血:左右两侧颈静脉均可,但采取左侧颈静脉比较方便。左手按压近心脏端,待静脉突起,右手取颈中部静脉处垂直刺入针头。颈静脉采血需注意保定其头部。颈静脉采血多用于牛群小、需血量较大的条件下。但哺乳犊牛必须选择颈静脉采血,其他部位不够方便。

(2)尾静脉采血:从尾根向下 10～15 cm 处,左手握住尾尖,右手持针头,向尾腹正中凹陷中刺入,即可得到尾静脉血。由于尾根能左右摇摆,血管又较细,所以采血量少。给种公牛采血,此部位是非常安全的。

(3)乳静脉采血:此部位采血非常方便。因奶牛乳静脉粗大、明显,乳静脉位于左右腹侧下部,左右两侧采血都很顺利。由于奶牛性情温顺,采血者可独立操作。

(4)耳静脉采血:左右两耳均可,但以右耳较方便。采血者左手用力握住右耳根,耳静脉立刻明显突起,右手刺入针头。

☞ *29.* 怎样给牛输血?

输血治疗多用于牛的大失血、血液寄生虫病及中毒性疾病的治疗。其方法为:选用年轻健康的牛,首先进行配血试验,结果阴性方可作为供血者,采取其血液,在接血容器内用 3.8% 的枸橼酸钠作为抗凝剂。通过颈静脉给病牛输血。

☞ *30.* 怎样给牛作直肠检查?

牛柱栏内站立保定,术者站于正后方,一般用右手进行检查。将检手的拇指放于掌心,其余四指聚拢呈圆锥状,稍旋转前伸即可通过肛门,进入直肠。当直肠内蓄积粪便时,应将其取出;如膀胱内贮有大量尿液,应按摩、压迫膀胱使尿液排空。术者的手沿肠腔方向徐徐伸入,当被检牛频频努责时,术者的手可暂停前进,可随之后退;肠壁极度收缩时,则暂时停止前进,并可有部分肠管套于手臂上;待肠壁弛缓时再徐徐伸入。一般术者的手伸至结肠的最后段 S 弯曲部后,即可进行各部及器官的触诊。并按一定顺序进行检查:肛门→直肠→骨盆→耻骨前缘→膀胱→子宫→卵巢→瘤胃→盲肠→结肠襻→左肾→输尿管→腹主动脉→子宫中动脉→尿道骨盆部。

☞ *31.* 怎样给母牛导尿?

导尿前清洗外阴部,并用 70% 酒精棉球消毒阴门。导尿管用 70% 酒精或 0.1% 新洁尔灭消毒后,外表涂灭菌液状石蜡。导尿时右手持导尿管送入阴道内,导尿管前端与右手食指并齐,拇指和食指捏住导管,中指探查尿道外口。尿道外口位于阴道前庭的腹面,一个黏膜皱褶的稍前方凹陷处,其底部有一个稍隆起的尿道外口。中指探查到尿道外口后,拇指和食指将导管插入到尿道外口内,并缓慢向里推送。遇有阻力,不可硬插,应将导尿管向后倒退一下或改变一下导尿管的插入方向再试图插入,一旦导尿管经尿道外口进入尿道后,都会容易地插入膀胱内,尿液也就随之流出来了。

☞ *32*. 怎样给牛投药?

灌药瓶投药法:用灌药瓶将碾压粉碎的调成糊剂的药经口投入。将牛保定在柱栏内,抬高头部,用灌药瓶装上需投入的糊剂药物,自口角的齿槽间隙处向口腔内插入灌药瓶嘴,并向舌背面舌根部灌入,待动物咽下一口后,再灌入第二口。

舔剂投药法:本法是将无强刺激性的药物加适量赋形剂制成面团状,将其涂于动物的舌根部,使动物逐渐舔食并咽下。

片剂、丸剂、囊剂投药法:先将牛保定,一只手伸入口腔,将舌拉出口角外,另一手将装好药剂的投药器沿硬腭送至舌根部,迅速将药剂推出,抽出投药器,把舌松开并托住下颌部,稍抬高头部,待其将药咽下后再松开。若无投药器,可用手将药剂投掷到舌根部,使其咽下即可。

胃导管投药法:通过口腔插入胃导管来进行投药。胃导管进入食管的判断方法:向胃导管内打气,在打气的同时可观察到左侧颈静脉沟处出现波动;或触摸胃管,如触摸到胃管则确切证明插入食管内。上述两种判断方法,都证明胃导管已正确地插入食管内,此时接上漏斗,倒入药液,然后举高漏斗,药液便灌入胃内。药液灌完后,再灌少量温水,以冲净漏斗及胃管内药液。而后拔掉漏斗,用拇指堵住投药管外口或将胃导管端折叠,缓缓抽出胃导管。

☞ *33*. 怎样检查牛的乳房？

主要用视诊、触诊的方法，观察乳房的大小、性状、外伤、皮肤的颜色和疱疹，触摸其温度、硬度及热痛反应，同时注意触摸乳腺淋巴结的大小，可动性及热痛反应，必要时可做乳汁的眼观检查，注意其颜色、黏稠度及是否有絮状物和混有物等。

☞ *34*. 怎样进行乳房封闭与乳房内灌注？

进行乳房封闭时，用手从乳房前面向下压乳房，使乳房前侧与腹壁呈直角，然后用封闭针头从腹壁与乳房基部之间，向对侧膝关节方向刺入 8～10 cm，注入药物。或在乳房后叶基部，距乳房中线旁 2 cm 处刺入针头，向同侧腕关节方向刺入 8～10 cm，注入药物。为促进炎症产物吸收，除局部应用 10%～20% 的硫酸镁溶液热敷或冷敷外，可涂布鱼石脂软膏、樟脑软膏等。如已化脓，要局部切开引流，按化脓创处理。

进行乳房内灌注时，挤干净乳房中的乳汁，用酒精棉球擦洗奶眼。将消毒的奶针通过奶眼插入，缓慢注入药物。一般灌注药量为 10～100 mL。拔出奶针，用酒精棉球擦拭奶眼。每天灌注 2 次，每次均在挤奶后进行。

☞ *35*. 怎样进行牛的乳房卫生保健？

经常保持乳房清洁；挤乳时清洗乳房的水和毛巾必须清洁，水要勤换，毛巾要定期消毒；挤完后要进行乳头药浴；停奶前 10 d 应检测乳房炎，判定为隐形乳房炎或阳性者必须治疗，在停乳前再检测一次；泌乳牛每年的 7 月、8 月、9 月要进行乳房炎检测。对患临床型乳房炎的奶牛，挤乳时要用专用桶和毛巾，使用后严格消毒；对慢性乳房炎的牛应视为传染源予以淘汰处理。

☞ *36*. **怎样给牛腹腔穿刺?**

用于诊断胃肠破裂、内脏出血、肠变位、膀胱破裂;利用穿刺液的检查判断是渗出液还是漏出液;经穿刺放出腹水或向腹腔内注入药液治疗某些疾病。

部位:右下腹部,在右侧膝关节与最后肋骨连线的中点处。

方法:站立保定,穿刺部剪毛消毒,穿刺者下蹲,左手稍移动穿刺部位皮肤,右手控制套管针的深度,由下向上垂直刺入 3~4 cm,当阻力消失而有落空感时,表明已刺入腹腔内,左手把持套管,右手拔出针芯,即可流出积液或血液,用右手拇指堵住套管口,缓慢而间断地放出积液。套管阻塞不流时,可用针芯疏通,直至放完为止。需洗涤腹腔时,在右侧肷窝中央,将针头垂直刺入腹腔,连接输液瓶胶管或注射器,注入药液洗涤后,再由穿刺部位排出,如此反复冲洗 2~3 次。操作完毕后插入套管针芯,拔出套管针,使局部皮肤复位,穿刺部位涂擦碘酊消毒。

☞ *37*. **怎样给牛胸腔穿刺?**

用于排出胸腔的积液、血液或胸腔内注入药液进行治疗。

部位:右侧第 6 肋间或左侧第 7 肋间,与肩关节水平线相交点下方 2~3 cm,胸外静脉上方 2 cm 处。

方法:站立保定,局部剪毛消毒,左手将穿刺部位皮肤稍向前方移位,右手持套管针(或 16~18 号长针头)在靠近肋骨前缘垂直刺入,以手指控制刺入 3~5 cm 深,当感到阻力消失而有落空感时,表明已刺入胸腔内。

☞ *38*. 怎样给牛心包穿刺？

采用站立保定,并将左前肢稍向前拉动,以充分暴露心区。穿刺部位剪毛、常规消毒。穿刺针用已灭菌的 18 号针头或医用脊髓穿刺针,在针尾端安装胶管,并用夹子夹住。穿刺时,以左手拇指指压穿刺点,右手持针,与皮肤约呈 45°角斜刺约 4 cm。当无阻力感时,去掉夹子接上针管,边抽吸边向前推进穿刺针。当遇到摆动或有血流出时,应立即停止向前。此可稍向后退,以免损伤心肌和血管。如针头摆动减弱并无血液、无阻力时,则表示刺入心包腔。如果心包有积液,则可抽吸出液体。穿刺完毕,迅速拔出针头,并及时对穿刺区和针头进行常规消毒。如需进行心包腔冲洗,可以直接经穿刺针注入药液,而后再吸出,如此反复数次即可。

☞ *39*. 怎样给牛膀胱穿刺？

当尿道完全阻塞时,为防止膀胱破裂或尿中毒而采取的暂时性治疗措施;也可通过膀胱穿刺采集尿液进行检验。

方法:站立保定,首先灌肠清除积粪,然后将连有长橡胶管的针头握于手掌中,手呈锥形缓慢伸入直肠,检查膀胱位置,在膀胱充盈的最高处将针头向前下方刺入,并将手留置于直肠内以手指夹住针头固定好,尿液即可经橡胶管排出。需洗涤膀胱时,可经橡胶管另一端注入洗涤药液,然后再排出,直至洗涤液透明为止。操作结束后将针头拔出,同样握于手掌内,带出肛门。

☞ *40*. 怎样给牛瘤胃穿刺？

用于治疗急性瘤胃鼓气和向瘤胃内注入药液。

部位:左肷窝部,即左侧髋结节向最后肋骨所引的水平线的中点,距腰椎横突 10~12 cm 处。严重的瘤胃鼓气可在肷窝鼓胀明显处进行穿刺。

方法:站立保定,穿刺部剪毛消毒。先在穿刺点旁 1 cm 作一小的皮肤切口,用左手将皮肤切口移向穿刺点,右手持套管针将针头置于皮肤切口内,向对侧肘头方向迅速刺入 10~12 cm,右手固定套管,拔出针芯,用手不断地堵住管口,间断放气,使瘤胃气体排出,若套管堵塞,可插入针芯疏通。气体排出后,可经套管向瘤胃注入制酵剂,防止复发。操作结束时,应先插入针芯,用力下压皮肤切口,拔出套管针,消毒创口,并对皮肤切口缝合、消毒即可。

☞ 41. 怎样给牛进行皮下注射?

皮下注射是将药液注于皮下组织内,一般经 5~10 min 起作用。一般选择在颈侧或肩胛后方的胸侧皮肤进行注射。注射前,剪毛消毒,一只手提起皮肤呈三角形,另一只持注射器,沿三角形基部刺入皮下,进针 2~3 cm,抽动活塞,不见回血,就可推注药液。注完药液后迅速拔出针头,局部以碘酊或酒精棉球压迫针孔。

☞ 42. 怎样给牛进行肌肉注射?

肌肉注射是将药液注于肌肉组织中,一般选择在肌肉丰富的臀部和颈侧。注射前,剪毛消毒,然后将针头垂直刺入肌肉适当深度,接上注射器,回抽活塞无回血即可注入药液。注射后拔出针头,注射部位涂以碘酊或酒精。注意,在注射时不要把针头全部刺入肌肉内,一般为 3~5 cm,以免针头折断时不易取出。过强的刺激药,如水合氯醛、氯化钙、水杨酸钠等,不能进行肌肉注射。

☞ 43. 怎样给牛进行静脉注射？

静脉注射，多选在颈静脉沟上 1/3 和中 1/3 交界处的颈静脉。必要时也可选乳静脉进行注射。注射前，局部剪毛消毒，排尽注射器或输液管中气体。以左手按压注射部下边，使血管怒张，右手持针，在按压点上方约 2 cm 处，垂直或呈 45°角刺入静脉内，见回血后，将针头继续顺血管推进 1～2 cm，接上针筒或输液管，用手扶持或用夹子把胶管固定在颈部，缓缓注入药液。注射完毕，迅速拔出针头，用酒精棉球压住针孔，按压片刻，最后涂以碘酒。

注射时，对牛要确实保定，注入大量药液时速度要慢，以每分钟 30～60 滴为宜，药液应加温至接近体温，一定要排净注射器或胶管中的空气。注射刺激性的药液时不能漏到血管外。

☞ 44. 怎样给牛进行腹腔注射？

腹腔注射法是将药液注入腹腔内，使药液经腹膜吸收进入血液循环的方法。

注射部位：右肷部。

注射方法：术部剪毛、消毒后，用 16～18 号针头垂直皮肤刺入，依次穿透腹肌和腹膜，当针头透过腹膜后，其阻力降低，有落空感。针头内不出现气泡及血液，也无腹腔脏器内容物溢出，经针头注入生理盐水无阻力，说明刺入正确。此时可连接注射器或连接输液吊瓶上的输液管接头向腹腔内注入药液。

向腹膜腔内注入药液应加温至 37～38℃，药液过凉，会引起胃肠痉挛产生腹痛。注入的药液应为等渗溶液且无刺激性。当膀胱积尿时，应轻轻压迫腹部，强迫排尿，待膀胱排空后再进行腹腔注射。注射过程中应防止针头退出腹腔外，必要时用胶布粘贴固定针头，一次注药量为 200~1 500 mL。注药完毕,拔下针头,局部消毒。

☞ 45. 怎样给牛进行瓣胃注射?

注射部位:在右侧第 8~10 肋间,最好在第 9 肋间肩关节水平线上。

注射方法:站立保定,局部剪毛消毒,用 10~15 cm 长的 18 号针头,朝向左前下方,向对侧肘头方向刺入 10~12 cm,刺针后连接注射器,先少量注入药液,感觉有较大阻力回抽内塞时,如为淡黄色且混有细碎草渣的内容物时,为刺入正确,即可缓慢注药,注射后碘酊消毒。

☞ 46. 牛的气管注射给药法怎样操作?

将药液直接注射到气管内,以治疗支气管炎、肺炎及肺脏内寄生虫的驱除。

注射部位:治疗支气管炎,应在第 3、4 气管环间进行注射;治疗肺炎时应接近胸腔入口处的气管环间注射;犊牛在气管的下 1/3 处软骨环间注射。

注射方法:首先将动物的头抬高,使颈部处于伸展状态。注射部剪毛消毒后,将 16~18 号针头经皮肤垂直刺入气管内,当针头刺入气管内后有落空感,此时可缓慢将药液注入气管内。

注射过程中要妥善保定好动物头部,以防动物头颈部活动而使针头脱出或折断;注射的药液应加温至 38℃,刺激性强的药物禁忌作气管内注射。常用的药物有青霉素、链霉素、薄荷脑液状石蜡等。注射过程中若病畜剧烈咳嗽,可再注入 2% 盐酸普鲁卡因 4~8 mL,以降低气管的敏感性。

☞ 47. 怎样进行牛的妊娠诊断？

外部观察法：母牛妊娠后表现为发情周期停止，食欲增强，被毛光亮，性情温顺，行动缓慢。妊娠后半期，腹部不对称，右侧腹壁突出。7～8个月后，右侧腹壁可见到胎动。

直肠检查法：

妊娠20～25 d，排卵侧卵巢上有突出于表面的妊娠黄体，卵巢体积大于对侧，两侧子宫角无明显变化，触摸时感到壁厚而有弹性。

妊娠30 d，两侧子宫角不对称，孕角变粗、松软、有波动感、弯曲度变小，而空角仍维持原有状态。用手轻握孕角，从一端滑向另一端，似有胎泡从指间滑过的感觉。

妊娠60 d，孕角明显增粗，相当于空角的2倍。

妊娠90 d，子宫颈则牵拉至耻骨前缘，孕角大如排球，波动感明显，空角也明显增粗，孕侧子宫动脉基部开始出现微弱的特异搏动。

妊娠120 d，子宫及胎儿全部沉入腹腔，子宫颈已越过耻骨前缘，一般只能触摸到子宫的局部及该处的子叶，如蚕豆大小，子宫动脉的特异搏动明显。此后直至分娩，子宫进一步增大，沉入腹腔，子宫动脉两侧都变粗，并出现更明显的特异性搏动，用手触及胎儿，有时会出现反射的胎动。

☞ 48. 怎样用开膣器检查牛的产道？

将母牛外阴及后躯清洗消毒，并固定好尾巴。清洗消毒开膣器。术者右手持闭合的开膣器，左手拇指和食指将阴门上联合分开，使开膣器裂和阴门裂相吻合，缓缓将开膣器插入阴道。将开膣器裂转与阴门裂垂直，打开开膣器，借助光源进行观察。检查完毕后闭合开膣器，然后缓缓取出开膣器。

☞ *49.* **怎样检查难产牛的产道?**

注意产道是否具备分娩症状,例如阴门的大小、肿胀程度;子宫颈开张情况;软产道干湿度、水肿以及有无创伤出血情况;产道内分泌物的性状、颜色和气味等。

☞ *50.* **怎样判断牛分娩时产道检查适宜时机?**

分娩是牛正常的生理过程,包括开口期(0.5~24 h)、产出期(0.5~6 h)和胎衣排出期(犊牛产出后历时 2~8 h)。

牛在分娩过程中,要排出"两包水",第一包一般为尿水,第二包一般为羊水。当第一包水排出(俗称"头水")1 h 左右,仍未生出胎儿,这时应立即进行产道检查,以确定分娩过程是否正常。如果"头水"排出后还不足 1 h,牛又无其他异常表现,则不宜进行产道检查,可再观察一段时间。

☞ *51.* **怎样判断牛腹中胎儿死活?**

正生时:①术者将一手指伸入胎儿口中,感觉有无吮吸反射。如有,则说明胎儿尚活。②用手牵拉或捏掐胎儿舌头,有反应则说明胎儿尚活。③用手指轻按胎儿眼球。④术者还可通过触摸胸腔及颈部动脉的方法来判断。

倒生时:①术者将一手指插入胎儿的肛门中,感觉有无肛门抽缩反射。②触摸股动脉及脐动脉来判断。

检查胎水:如果发现胎水中有胎粪,则胎儿活力不强,要抓紧助产,产出后做好救助准备;如发现胎水中较多脱落的被毛、胎儿皮下水肿或有捻发音,则说明胎儿已死亡、腐败。

☞ 52. 助产方法有几种？

产力性难产：母牛无力分娩时，术者可将手伸入其产道，顺势将胎儿拉出。也可注射催产素或垂体后叶激素，必要时间隔 20～30 min 可重复注射一次。母牛产道开张不良，子宫颈过紧，可用普鲁卡因在子宫颈口处分点注射，再将胎儿缓慢拉出，并刺激子宫颈使其扩张。分娩过程中注意监测母牛的体征，发现心跳过弱或亢进、节律不齐时，必须输液或给予强心药物。

产道性难产：分娩前适时检查母牛的产道是否出血、水肿、干燥，注意损伤的程度及有无感染。通过产道检查胎儿时，应注意胎位是否正常以及胎儿生死情况。

胎儿性难产：胎儿过大时，可在产道上涂凡士林或植物油、液状石蜡。胎儿姿势不正时，头颈侧弯、腕部前置时，术者将手伸入产道检查即可摸到。如果胎儿小，产道润滑且扭转不严重的，可用手将其头矫正。如果胎儿过大，产道干燥且扭转严重时，先向前推胎儿，然后用手握住蹄尖或腕部，向上抬，往外拉。同时将弯向一侧的头颈矫正。死胎且胎位不正或者子宫颈口狭窄时，通过剖腹产的形式将胎儿取出，靠近左侧切开，同时尽量避免肠管涌出。

☞ 53. 怎样进行牛的牵引助产？

正生时一定要在"三件俱全"（胎儿的两前肢和嘴）时才能进行牵引助产。牵引助产可徒手进行，也可用产科绳或产科钩辅助。要分清前肢、后肢。当胎头刚进入盆腔入口时，要向后上方用力牵引；当胎嘴顶触在盆腔顶壁时，要向后下方牵引用力。在牵引过程中，要注意保护母牛的阴门，以防撕裂。牵引中，术者要上下左右活动或摇晃胎儿。胎犊脐部已通过母牛阴门时，术者要注意托住胎儿，以防摔伤。胎位、胎势、胎向严重不正常者,要先进行矫正再做牵引,未能矫正者不可牵引助产。

☞ 54. 怎样给奶牛剥离胎衣?

将牛尾系到颈部,清洗消毒术部,子宫内灌入 1 000~1 500 mL 5%~10%盐水。一手向外牵拉胎衣,一手进入子宫进行剥离,由远及近螺旋式剥离。剥离后注入金霉素粉 1~2 g,土霉素粉 2~3 g,水 500 mL 的混悬液,以后隔 1~2 d 送药一次,直到流出的液体基本清亮为止。术后要观察有无子宫炎及全身异常。

☞ 55. 怎样进行胎儿牵引术?

正生时,可在两前肢球节以上拴系产科绳进行牵拉,或套住胎头斜向牵拉。对死胎还可以借助产科钩勾住眼眶、上下颌、后鼻孔等部位。倒生时可在两后肢球节之上套好产科绳进行牵拉。牵拉时的用力方向必须与骨盆轴相符合,牛的胎儿通过骨盆腔出口时,则应向上、向后用力牵拉。当整个胎体将全部拉出时,要放慢牵拉速度,以免造成子宫内翻或脱出。

☞ 56. 怎样进行胎儿矫正术?

采用推、拉或扭、搬等动作,徒手或借助产科器械将胎儿的异常矫正为正常。整个过程应在子宫腔内进行,如果胎水还未完全排出时进行矫正,成功率会更大一些。在产道矫正时,由于其空间狭小,基本没有回旋余地,不但不易奏效,且容易损伤产道。许多情况下,需要将已进入产道的胎头及其他部位重新推回到子宫腔内再行矫正。

☞ *57.* 怎样进行翻转母体术？

矫正子宫捻转，可采用直接翻转母体法。病牛倒卧保定，充分捆好四蹄。病牛子宫向哪侧捻转，倒卧时对应的那侧腹壁应着地（使母牛卧于那一侧）。翻转时，保护好头部，先将倒卧于地的病牛慢慢翻向对侧，然后用力突然将其翻回到原位。每翻转一次应做一次产道检查。

☞ *58.* 怎样进行阴门侧切术？

主要适用于分娩母牛阴门狭窄所导致的难产。先用消毒液清洗阴门，在阴门上联合两侧做两个斜向切口。做切口时，一次性切开皮肤及肌肉。一般需要麻醉，待胎儿分娩出后及时结节缝合切口。

☞ *59.* 怎样进行牛产后繁殖健康检查？

产后 7～14 d：如果子宫壁厚，子宫腔内积有大量的液体或排出的恶露颜色及性状异常，特别是带有臭味，则是子宫感染的表现。如果这时发现卵巢体积较小，卵巢上无卵泡生长，则表明卵巢静止，这种现象不是由疾病引起就是由营养不良引起。

产后 20～30 d：应进行配种前的检查，观察阴道的黏膜、生殖器官有无感染及卵巢、黄体的发育情况。产后 30 d，如果摸到子宫角的腔体则是子宫复旧不全的表现，还可能存在有子宫内膜炎，触诊按摩子宫后还可做阴道检查。

产后 40～50 d：对产后未见到发情或发情周期不规律者，应当再次进行检查。若卵巢体积缩小，其上无卵泡也无黄体，多由全身虚弱、营养不良、产奶过多所致。如果卵巢质地、大小正常，其上存在有功能性黄体，而且子宫无任何异常，表明卵巢活动机能正常，很可能为安静发情或发情正常而被遗漏。对产后 50 d 以后出现的卵巢囊肿要进行及时治疗。对子宫积脓引起的黄体滞留,可先注射氯前列烯醇,等发情及排出积液后再用抗生素治疗。

分娩 60 d 以后:对配种 3 次以上仍不受孕,发情周期和生殖器官又无异常的母牛,要在输精或发情的第 2 天进行认真细致的检查,区别是不能受精,还是受精后发生了早期胚胎死亡。

☞ 60. 怎样给牛子宫冲洗?

主要用于牛子宫内膜炎、子宫积脓、胎衣不下、胎衣腐败等疾病的治疗。

冲洗方法:牛站立保定,充分清洗和消毒外阴部,操作者持导管插入阴道内,触摸到子宫颈后,将导管经子宫颈口插入子宫内,导管另一端连接漏斗或注射器,向子宫内灌注消毒药液。然后放低导管,使灌入子宫内的药液排出,如此反复几次,可使子宫内的积脓、胎衣碎片等清洗干净。最后用青霉素 160 万~320 万 U、生理盐水 150~200 mL 灌入子宫内,不再放出,以控制和消除子宫的炎症。

☞ 61. 新生犊牛如何护理?

新生犊牛出生后,其身体机能尚处于初期发展阶段,抗病力很差。因此,良好的护理对新生犊牛的成活和生长发育非常重要。

(1)防止窒息:犊牛产出后,立即用清洁的毛巾和抹布,将口、鼻及全身黏液擦净,也可让母牛自己舐干,以利呼吸。如发生假死,应立即将犊牛头部放低,后肢抬高,两手握住前肢,倒出咽喉部羊水,来回前后牵动前肢,并交替扩展和压迫胸腔。或侧卧双手有节律地压迫腹胁部进行人工呼吸,要求耐心持久,直至出现正常呼吸。

(2)保温:新生犊牛的体温调节机能很差,寒冷是新生犊牛损失的重要原因之一。所以可能时应设法将室内温度维持在 25℃ 左右,在身上盖以麻袋等。

(3)处理脐带:犊牛产出后脐带可以自己断开,也可以用手扯断或用消毒的剪刀剪断,断离处要距腹部 8～10 cm。手扯断脐时,应将脐血管中的血液捋向胎儿,以增加胎儿体内的血液。然后在断端用 5% 碘酊充分消毒。剪刀断脐时,应先以细线在距脐孔 5 cm 处结扎,向下隔 3 cm 再打一线结,在两结之间涂以 5% 碘酊后,用消毒剪剪断,断端应在 5% 碘酊中浸泡。也可用烙铁断脐,断面再涂以 5% 碘酊。断脐后一般不作包扎,每天用 5% 碘酊处理 1 次,以促进其干缩脱落。在脐带干缩脱落前后,尚要注意观察脐带的变化,如有滴血或排液现象时,要及时治疗和结扎。注意避免仔畜互相舔吮脐带,防止脐带感染。

(4)尽早吮食初乳:待体表被毛干燥、犊牛欲站立时,即应帮助其站立,并送进犊牛栏。此时,即可人工喂食初乳。

(5)避免应激:保持圈舍干净和干燥,消除不良的应激因素。

☞ *62.* **怎样鉴定牛的年龄?**

5 岁以前,可以用牙齿脱换的对数加 1 来计算牛的年龄。5 岁以后,主要看牙齿的磨损情况和牙齿的结构。开始磨损时先把齿边磨平,然后看齿面的变化。如齿面呈方形时为 6 岁,呈三角形时为 7 岁,呈四边形时为 8 岁,呈圆形时为 10 岁,出现齿星,圆形变小时为12 岁,呈纵卵圆形时为 13 岁。

☞ *63.* **怎样接近和保定牛?**

有些牛特别是公牛有用牛角抵人的习性,在前方接近牛时应首先询问饲养员牛有无抵人习惯。牛的后肢有向后外侧方踢人的本性,因此,在接近牛时不能从后外方接近,可从侧方或前方接近牛。牛的鼻镜及鼻孔是敏感部位,控制牛的头部常用鼻钳钳夹。公牛十分强悍,多数公牛都比母牛性烈,对公牛保定时更应十分小心。

对于肢蹄的保定:

(1)两后肢保定:选择柔软的线绳在跗关节上方做"8"形缠绕或用绳套固定。

(2)牛前肢的提举和固定:将牛牵到柱栏内,用绳在牛系部固定,绳的另一端自前柱由外向内绕过保定架的横梁,向前下兜住牛的掌部,收紧绳索,把前肢拉到前柱的外侧。再将绳的游离端绕过牛的掌部,与立柱一起缠两圈,则被提起的前肢牢固地固定于前柱上。

(3)后肢的提举和固定:将牛牵入柱栏内,绳的一端绑在牛的后肢系部,绳的游离端从后肢的外侧面,由外向内绕过横梁,再从后柱外侧兜住后肢蹄部,用力收紧绳索,使蹄背侧面靠近后柱,在蹄部与后柱多缠几圈,把后肢固定在后柱上。

☞ 64. 怎样给犊牛去角?

去角时间以 7～10 日龄为宜。将犊牛保定,仔细触摸确定角基部。在去角处剪毛。先用电烙铁烙去皮肤,烧烙角基部 1～2 min。在烧烙处涂碘酊或紫药水。

☞ 65. 怎样给奶牛断尾?

(1)将牛充分保定。

(2)第一、二尾椎间隙注射 2%～5% 的盐酸普鲁卡因 10 mL,做硬膜外腔麻醉。

(3)以病变部位上方的第一或第二尾椎间隙为手术切断部位。

(4)术部剃毛消毒。

(5)近尾根部压迫止血。

(6)预定手术切断部位稍下方处,尾的背腹面分别作对称的 V 形切口,切开皮肤,剥离。

(7)从选定的尾椎间隙切断。

(8)对背腹面皮肤进行修整,结节缝合皮肤。

(9)牛尾断端涂上消炎药,包扎,去掉压迫止血带。

(10)术后 7～10 d 拆线。

☞ 66. 怎样给奶牛修蹄?

选择气候适宜的春、秋季进行修蹄。损伤后处理需要削蹄时,要进行切实可靠保定,做到人畜安全。一旦出现肢蹄损伤,一定要及时加以处理,要避免双侧肢蹄均损。双侧都受损严重,一般愈后多不良,建议在处理蹄伤时用如下处方:对蹄底陈旧伤口的腐烂处合理扩创,洗净污物及腐烂组织。用 3% 双氧水溶液消毒,擦干,涂布 10% 碘酊、土霉素粉填塞创口,然后用蹄绷带包扎,外用松馏油涂擦。为防止继发感染出现全身症状,建议用青霉素 800 万 U,链霉素 800 万 U,肌肉注射,每日 2 次,连用数天。另外,削蹄要适当,能达到修整的目的即可,削蹄过程中应坚持宁轻勿重的原则,对于一次不能校正的肢蹄,可以采取多修几次,逐渐校正。

五、奶牛普通病

☞ *1.* **牛异食癖是如何发生的？如何防治？**

异食癖是指由于环境、营养、内分泌和遗传等因素引起的以舔食、啃咬通常不采食的异物为特征的一种顽固性味觉错乱的新陈代谢障碍性疾病。

病因：主要病因为饲料单一。钠、铜、钴、锰、铁、碘、磷等矿物质不足，特别是钠盐的不足。钙、磷比例失调，某些维生素的缺乏。患有佝偻病、软骨病、慢性消化不良、前胃疾病、某些寄生虫病等可成为异食的诱发因素。

临床表现：乱吃杂物，如粪尿、污水、垫草、墙壁、食槽、墙土、新垫土、砖瓦块、煤渣、破布、围栏、产后胎衣等。患牛易惊恐，对外界刺激敏感性增高，以后则迟钝。患牛逐渐消瘦、贫血，常引起消化不良，食欲进一步恶化。在发病初期多便秘，其后下痢或便秘和下痢交替出现。怀孕的母牛，可在妊娠的不同阶段发生流产。

治疗：原则是缺什么，补什么。继发性的疾病应从治疗原发病入手。

（1）钙缺乏的补充钙盐，如磷酸氢钙。注射一些促进钙吸收的药物如1%维生素D 5～15 mL。维生素AD 5～15 mL。也可内服鱼肝油20～60 mL。碱缺乏的供给食盐、小苏打、人工盐。

（2）贫血和微量元素缺乏时，可内服氯化钴0.005～0.04 g，硫酸铜0.07～0.3 g。缺硒时，肌肉注射0.1%亚硒酸钠5～8 mL。

（3）调节中枢神经，可静脉注射安溴100 mL或盐酸普鲁卡因

0.5～1 g。氢化可的松 0.5 g 加入 10％葡萄糖中静脉注射。

（4）瘤胃环境的调节，可用酵母片 100 片，生长素 20 g，胃蛋白酶 15 片，龙胆末 50 g，麦芽粉 100 g，石膏粉 40 g，滑石粉 40 g，多糖钙片 40 片，复合维生素 B_2 10 片，人工盐 100 g 混合一次内服。1 日一剂，连用 5 d。

预防：必须在病原学诊断的基础上，有的放矢地改善饲养管理。应根据动物的不同生长阶段的营养需要喂给全价配合饲料。当发现异食癖时，适当增加矿物质和微量元素的添加量，此外喂料要定时、定量、定饲养员，不喂冰冻和霉败的饲料。在饲喂青贮饲料的同时，加喂一些青干草。同时根据牛场的环境，合理安排牛群密度，搞好环境卫生。对寄生虫病进行流行病学调查，从犊牛出生到老龄淘汰，定期驱虫，以防寄生虫诱发的恶癖。

☞ 2．牛口炎有何临床表现？如何治疗？

主要表现：采食、咀嚼障碍和流涎。病初，黏膜干燥，口腔发热，唾液量少。随疾病发展，唾液分泌增多，在唇缘附着白色泡沫并不断地由口角流下，常混有食屑、血丝。口黏膜感觉敏感，采食、咀嚼缓慢，严重时可在咀嚼中将食团吐出。开口检查时可见黏膜潮红、温热、疼痛、肿胀，口有甘臭味。舌面有舌苔，在口腔黏膜有溃疡面，大小不等。全身症状轻微。

治疗：

（1）用 3％左右的碳酸氢钠溶液冲洗口腔。

（2）用 0.1％的高锰酸钾溶液冲洗口腔。

（3）用 0.1％的雷佛奴尔溶液冲洗口腔。

（4）如果唾液多，则用 2％～5％的硼酸溶液或者 1％～2％的明矾溶液、2％左右的甲紫溶液冲洗口腔。

（5）用 0.2％～0.6％的硝酸银溶液涂搽口腔。

(6)用10％左右的磺胺甘油乳剂涂搽口腔。

(7)病牛口腔溃烂、溃疡处可涂搽碘甘油。

(8)用磺胺噻唑40 g,小苏打35 g,蜂蜜150～250 g,混合后涂在病牛的舌头上让其舔服。

(9)有全身炎症时,可以肌肉注射青霉素或者磺胺噻唑钠,连续注射5 d左右。

☞3. 牛食道梗塞是如何发生的？如何治疗？

该病又称为食管阻塞,是由于吞咽物过于粗大和/或咽下机能紊乱所致发的一种食管疾病。常因采食胡萝卜、白薯类块根或未被打破和泡软的饼类饲料所引起。

主要表现:突然发生采食中止,头颈伸直、流涎、咳嗽,不断咀嚼伴有吞咽而不能的动作,摇头晃脑,惊恐不安。可分食道前部与胸部食道阻塞两种。食道前部阻塞可以在颈侧摸到,而胸部阻塞可从食道积满唾液的波动感诊断。

治疗:及时排出食道阻塞物,使之畅通。如采用将阻塞物从口中取出法,将阻塞物向口腔推压,然后一人用手从口腔中取物。或采用压入法,将胸部食道阻塞物用胃管向下推送入胃,或连接打气管气压推进。也可采用强制运动法,如将牛头与前肢系部拴在一起,然后强制牛运动20～30 min,借助颈肌运动促使阻塞物进入瘤胃。

预防:饲料加工规格化,块根饲料加工达到一定的碎度,可以根除本病。

☞4. 牛前胃弛缓是如何发生的？如何治疗？

该病是指前胃神经肌肉感受性降低,收缩力减弱,瘤胃内容物迟滞所引起的一种消化不良综合征。常因长期大量饲喂粗硬难消化的饲料,过食浓厚、劣质、发霉变质糟渣饲料,运动不足,维生素、矿物质缺乏所致;也可继发于其他疾病。

临床症状:病初,食欲减退、瘤胃蠕动减弱或丧失,反刍次数减少,后期停止,间歇性胀肚。后期排出黑便、干粪,外有黏液,恶臭,有时干稀交替发生,呈现酸中毒症状。久病不愈者多数转为肠炎、排棕色稀便。

治疗:为排出前胃内容物,可选用缓泻止酵剂,如硫酸钠、酒精、鱼石脂或豆油 1 000 mL。为加强前胃蠕动,可用灌服酒石酸锑钾和番木别丁,同时配合瘤胃按摩和牵引运动。当呈现酸中毒症状时,可用葡萄糖盐水、碳酸氢钠、安钠咖静脉注射。

☞ *5*. **如何诊治牛瘤胃积食?**

该病又称瘤胃食滞,瘤胃阻塞,也称为急性瘤胃扩张,中医称宿草不转。是因前胃收缩力减弱,采食的大量干燥饲料停滞所致发的急性瘤胃扩张。主要是因采食饲料过多引起,是牛的一种常发病。

诊断:根据临床表现可做出诊断。病初食欲、反刍、嗳气减少或停止,背弓起时作努责状,头向后躯顾盼,后肢踢腹、磨牙、摇尾、呻吟,站立不安,时卧时起,卧地时一般右侧横卧。

预防:草不要铡得太短;填精料时要注意与草拌匀;不能食过多精料。

治疗:应及时清除瘤胃内容物,恢复瘤胃蠕动,解除酸中毒。

(1)按摩疗法:对轻症病牛,在牛的左胺部用手掌按摩瘤胃,每次 5~10 min,每隔 30 min 按摩一次。结合灌服大量的温水,则效果更好。

(2)腹泻疗法:硫酸镁或硫酸钠 500~800 g,加水 1 000 mL,液状石蜡油或植物油 1 000~1 500 mL,给牛灌服,加速排出瘤胃内容物。

(3)促蠕动疗法:可用兴奋瘤胃蠕动的药物,如 10% 高渗氯化钠

300～500 mL,静脉注射,同时用新斯的明 20～60 mL,肌肉注射能收到好的治疗效果。

(4)脱水明显时,应静脉补液,同时补碱,防止酸中毒。如 25% 的葡萄糖 500～1 000 mL,复方氯化钠液或 5% 糖盐水 3～4 L,5%碳酸氢钠液 500～1 000 mL 等。

(5)切开瘤胃疗法:重症而顽固的积食,应用药物不见效果时,可行瘤胃切开术,取出瘤胃内容物。

☞ *6*. 如何诊治牛瘤胃酸中毒?

牛瘤胃酸中毒是以前胃机能障碍为主的一种代谢性酸中毒。特征为消化紊乱、瘫痪和休克。

病因:奶牛短时间内采食大量富含碳水化合物的谷物类饲料、精料、块根类饲料、酸度过高的青贮饲料或苹果、葡萄以及酒厂发酵不完全的酒糟等引起。

诊断要点:本病因采食大量上述饲料后 3～5 h 突然发病,呈现食欲废绝,磨牙虚嚼,流涎,瘤胃胀满,蠕动音消失,脉搏增数,呼吸加快,明显脱水,后期卧地不起,角弓反张,进而昏迷而死。根据病史和临床症状极易确诊。有时根据病史就能确诊。

治疗:病奶牛可用 1%碳酸氢钠反复洗胃至胃液呈碱性,同时静脉注射 5% 碳酸氢钠 1 500 mL 解除酸中毒。

☞ *7*. 牛瘤胃鼓气是如何发生的? 如何治疗?

该病俗称胀肚。主要是因牛采食大量的易发酵饲料导致大量气体产生,嗳气受阻,引起瘤胃急剧过度膨胀。原发性瘤胃鼓气主要是由于采食大量易发酵饲料,如:早春第一次放牧或舍饲大量青嫩多汁牧草,尤其是豆科牧草,或食入腐败变质饲料。继发性瘤胃鼓气常继发于食道阻塞,瓣胃弛缓和阻塞、真胃溃疡和扭转、创伤性网胃炎等。本病一般起病急,腹围迅速增大、左侧肷窝最明显,叩诊呈鼓音,听诊瘤胃初期蠕动增强,以后转弱,甚至消失。

治疗:以排出瘤胃积气和止酵为主,并结合输液等全身疗法。病轻时可将牛牵到前高后低的坡地上,高抬牛头以手牵舌诱发嗳气和用拳按摩瘤胃相配合。病重时可施瘤胃穿刺放气,放气开始要慢慢进行,防止脑贫血的发生,术前可注射强心药。放气后半小时可口服止酵药物,如鱼石脂、酒精、蓖麻油、茴香油等。

☞8. 创伤性网胃炎是如何发生的？如何防治？

误食尖硬的异物刺伤网胃而致。以消化障碍、胸壁疼痛和间歇性鼓胀为特征。

病因:混入饲料中的金属异物如铁钉、铁丝及螺栓等,以及石块、砂粒、坚果等,随饲料进入瘤胃后在 $24\sim48\ h$ 被送入网胃,当网胃收缩或奶牛身体状态急剧改变时,尖锐的异物刺伤网胃而发病。

临床症状:一旦金属异物刺入胃壁,即呈现临床症状。本病的临床症状变化极大,影响因素包括刺伤的部位、深度、伤及的内脏器官、异物的形状和病牛怀孕或泌乳阶段。

急性局灶性网胃炎时,病牛的典型表现包括食欲减退或废绝,泌乳突然急剧减少,发热($39.4\sim40.5\ ℃$),呼吸和心率正常或轻度加快。肘外展,病奶牛不安。站立时弓背,瘤胃蠕动减弱,轻度嗳气,排粪减少且粪便干燥,前腹区(剑突附近)疼痛。有些病例可能只有轻度的食欲、泌乳减少以及大便稠度异常,临床检查仅见瘤胃蠕动减弱,轻度嗳气(常提示局灶性腹膜炎)和前腹区疼痛。某些轻度病例仔细听诊和观察时可能发现在瘤胃网胃收缩时因局部疼痛而出现后肢踏地。若刺穿胃壁,则可能发生间歇性疼痛。偶尔可见动物"呕吐"出多于瘤胃容量的内容物,表明已出现神经性或压迫性食物反流。

创伤性网胃炎的诊断主要依据临床检查,对于症状不明显的病畜,针对腹疼进行认真细致的临床检查是诊断的关键。必要时需辅以实验室检查。

预防:应给所有 1 岁以上的青年母牛预防性地投服强磁铁,是目前预防本病的主要手段。或在饲料自动输送线或青贮卸料机上安装电磁铁板,以除去饲草中的金属异物。

治疗:急性病例一般首先采用保守疗法,包括投服磁铁、注射抗生素和限制活动,以固定金属异物、消除腹膜炎和加速伤口愈合。并应给予流质易于消化饲料、反刍促进剂、补充钙剂及其他电解质。出现脱水和已发生碱中毒时,可实行补液疗法,经口或静脉注射给予氯化钾(每次 5~10 g,每日 2 次)。重度碱中毒动物应避免使用碱性促反刍剂。保守疗法应在 48~72 h 内判定疗效,若开始采食、反刍和泌乳,则预后良好;若病情没有改善或食欲欠佳,可考虑实施瘤胃切开术。病畜出现症状时若体内已放置磁铁,宜及早进行剖腹术和瘤胃切开术。抗生素治疗应持续 3~7 d 以确保完全控制网胃腹膜炎,并防止创伤部位发生脓肿。青霉素、氨苄青霉素、四环素等均可使用。

亚急性或慢性发病动物已出现顽固性厌食、脱水、重度碱中毒时,及早进行补液治疗、抗生素治疗和瘤胃切开术,仅用保守疗法难以治愈。

☞ 9. 如何诊治牛创伤性网胃心包炎?

创伤性网胃心包炎是异物损伤心包而引起的心包的化脓性、增生性炎症。常伴有毒血征和充血性心力衰竭以及网胃炎、隔膜炎、胸膜炎和腹膜炎的发生。临床特征是食欲废绝,心搏过速,发热,颈静脉充血,胸、腹下的浮肿及胸水、腹水和心音异常。以成年母牛发病最多。

诊断:精神沉郁,体温呈微热,脉搏在 100 次/min 以上;胸前皮下浮肿,不愿运动,肘头外展;心音减弱、混浊,叩诊敏感,呈鼓音,或听诊出现心包摩擦音、心包拍水音,叩诊心脏浊音区扩大;消化系统呈较重的前胃弛缓症状,久治不愈;血液常规检验,白细胞总数变化不大,中性白细胞相对增多,淋巴细胞相对减少。

治疗:奶牛创伤性网胃心包炎的临床治疗方法包括药物治疗和手术治疗2种。

(1)药物治疗:药物治疗属于保守治疗,治疗范围、效果有限。治疗原则以抗菌消炎为主,临床最常用的方法是青霉素、链霉素各400万国际单位,肌肉注射,每日2~3次(也可选用其他抗生素)。治疗阶段应该让牛选用前高后低站势。

(2)手术治疗:手术治疗效果确实,但手术治疗应该选择在发病的早期进行,此期手术治愈率可达50%以上;后、晚期手术治疗效果则十分有限。手术治疗实际上选用的是牛瘤胃切开术,切开瘤胃后,术者直接将手伸入网胃,通过触摸检查的方式摘除金属异物。另外,在手术切开瘤胃前也可以通过腹腔徒手触摸的方法在膈肌和网胃间钝性分离粘连的网胃和膈肌,寻找金属异物,一些病例通过此方法不用切开瘤胃就可以达到治疗目的。

☞ **10.** **如何诊治瓣胃秘结?**

该病中医称为"百叶干",是前胃弛缓,瓣胃收缩力减弱,内容物充满、干燥所致发的瓣胃阻塞和扩张。多发于冬、春季节。主要是采食了大量的坚硬含粗纤维多的、带泥沙不洁的糟、糠和霜冻饲料,饮水量又不足。也可继发于前胃弛缓、瘤胃积食、真胃阻塞、扭转等病的过程中。初期与一般消化不良相似。1周后体温上升,饮、食欲废绝,反刍停止,鼻镜干燥无汗甚至龟裂、伴有呻吟。排粪减少呈顽固性便秘,排算盘珠或栗子样干便,附有黏液。

治疗:宜增加瓣胃蠕动,软化干硬内容物促使其排出。多用液状石蜡、蓖麻油灌服,以及浓盐水葡萄糖液、安钠咖静脉注射。也可在医生指导下往瓣胃内注射硫酸镁液、液状石蜡、鱼石脂。

☞ *11.* 如何诊治牛真胃变位?

药物治疗:药物治疗通常包括口服轻泻剂、促反刍剂、抗酸药或拟胆碱药,以促进胃肠蠕动和加速胃肠道排空。存在低血钙者可皮下或静脉注射钙制剂。可投服氯化钾明胶(30~120 g,每日 2 次)。或将氯化钾溶于水中,胃管投服。

"滚转法":也是治疗单纯性左方真胃变位常见的非手术疗法。将病牛禁食 2~3 d,限制饮水,尽量使瘤胃容积变小。使病牛采取左侧卧姿势,再转成仰卧姿势,背部着地,四肢朝上,以背脊柱为轴心,先向左滚转 45°,再转向正中,然后向右滚转 45°,再转向正中。如此反复摇晃 3~5 min,突然停止,呈左侧卧姿势,再转向俯卧姿势,最后使之站立。检查真胃是否复位,如果未复位,可重复进行滚转,该方法在病初效果较好,但有复发性。

外科手术疗法:对于单纯性真胃变位的奶牛,可以用外科手术疗法,临床上可根据个人的特长或经验、动物存在的并发症及其他手术费用来选择不同的手术方案:①右腹正中旁真胃固定术。②右腹网膜固定术。③右腹真胃固定术。

☞ *12.* 如何诊治牛真胃扩张?

诊断:真胃扩张的临床病症多与前胃疾病、真胃变位的症状相似,往往容易误诊。但真胃扩张病程发展到中后期,有其一定的特征,只需认真地进行瘤胃、网胃和肠道的检查,根据右腹部真胃区局限性膨隆,在胁窝结合叩诊肋弓进行听诊,呈现叩击钢管清朗的铿锵音,真胃穿刺测定其内容物 pH 为 1~4,即可确诊。

治疗:消积化滞,防腐止酵,缓解幽门痉挛,促进真胃内容物排除,防止脱水和自体中毒。严重病例,胃壁已经过度扩张和麻痹,必须采取手术疗法。

病的初期,可用硫酸钠 300～400 g、植物油 500～1 000 mL、鱼石脂 20 g、酒精 50 mL、水 6 000～8 000 mL,配合内服,在病的后期发生脱水时忌用泻药。在病程中期,可应用 10% 氯化钠溶液 200～300 mL、樟脑 20 mL,静脉注射。发生脱水时,应根据脱水程度和性质进行输液,通常应用 5% 葡萄糖、生理盐水 2 000～4 000 mL、樟脑 20 mL、40% 的乌洛托品 30～40 mL,静脉注射。必要时肌肉注射维生素 C 10～20 mL,还可应用抗生素或磺胺类药,防止继发感染。由于真胃扩张,多继发瓣胃秘结,药物治疗效果不好。因此在确诊后,要及时施行瘤胃切开术,取出内容物,然后引用胃管插入网瓣孔,通过胃管灌注温生理盐水,冲洗瓣胃和真胃。

☞ *13.* 如何诊治牛真胃炎?

诊断:粪便少呈褐色或煤焦油状,厌食精料,右侧肋部触诊为震水音。

治疗:治疗原则为清除真胃和肠道内容物、强心、补液、消炎、缓解酸中毒。

(1)清理胃肠道:因该病影响前胃内容物的排出,使之停滞,久之发生酸败产生有毒物质。所以,可用 1% 盐水反复洗胃与导胃,直至导出内容物无酸臭味及瘤胃较空虚为止。然后再向胃内注入 1% 盐水。可根据病情进行缓泻,如排粪较干,可投给中等剂量的硫酸镁或人工盐,连用 2 d。对排粥状粪便者可投给中等量人工盐及健胃药等。

(2)药物治疗:复方氯化钠溶液 1 000 mL、10% 葡萄糖注射液 1 000 mL、5% 糖盐水 500～1 000 mL、碳酸氢钠注射液 500～1 000 mL、氨苄青霉素 10 g、维生素 C 40 mL、10% 安钠咖 30 mL、肌苷注射液 40 mL,一次静脉注射,每日 1 次。另外,可用庆大霉素片或环丙沙星片 30 片、大黄苏打片 300 片、维生素 B_1 片 50 片、雷尼替丁片 30 片、胃膜素片 30 片、吗丁啉 10 片,一次灌服,每日 1 次。

(3)中药方剂:加味大承气汤:大黄 90 g、芒硝 300 g、川朴 60 g、枳实 60 g、三棱 40 g、莪术 40 g、云苓 60 g、炙甘草 30 g、郁金 40 g,一次煎汁灌服(孕牛及体弱牛禁用)。

☞ 14. 如何诊治牛真胃溃疡?

诊断:真胃区疼痛:以拳触压真胃区,病牛安静,无疼痛反应,除去按压即有疼痛反应。粪便带血、黏稠、呈黑褐色,偶尔下痢。多见消化障碍,体质瘦弱,心动徐缓,容易出汗。急性型伴发胃出血时,腹痛、不安、厌食,呼吸急促、心悸。泌乳量急性下降。若胃穿孔,可引起急性弥漫性腹膜炎,并且大出血,全身虚弱,肌肉震颤,血压下降,不能站立,昏迷,通常在 24 h 内死亡。

治疗:应使病牛保持安静,改善饲养,加强护理,增强体质。镇静止痛、抗酸止酵、消炎止血,促进康复。

☞ 15. 如何诊治牛迷走神经消化不良?

迷走神经性消化不良是牛的常见病,其发生与支配前胃和真胃的迷走神经腹支密切相关。饲养管理不当,迷走神经由过度兴奋转入抑制,便出现瘤胃蠕动弛缓、鼓胀、厌食和反刍停止等综合征。

治疗:甲基硫酸新斯的明 2~5 mg,肌肉注射;维生素 B_1 200~400 mg,肌肉注射;5%冷盐水灌肠,一般灌入 500~1 000 mL 见排粪即可;左手从左侧伸入口腔,抓住舌头,右手从右侧将食盐置于舌面上按摩 1 min。

治疗每天实施 1 次,连用 4 d。复方新斯的明可兴奋迷走神经,维生素 B_1 起辅助调节迷走神经功能作用,灌肠和按摩舌头以刺激直肠和舌头可反射性地引起迷走神经兴奋,促使胃肠蠕动增强,引起排粪和反刍。

☞ *16.* 如何诊治牛反胃吐草?

牛反胃吐草多发生在炎夏和寒冬,大都因饲喂食后暴饮冷水引起。治疗以中药为主,西药为辅。

按虚寒症治疗,补虚健脾,温中散寒,行气降逆。方用温脾暖胃止呕汤:当归、党参、白术、制半夏、柿蒂、白豆蔻、旋复花各 30~60 g;砂仁、益智仁、公丁香、木香各 22~28 g;伏龙肝(布包)150 g,水煎服,每日一剂。方中归参苓术补虚健脾,豆蔻、益智仁、丁香、伏龙肝温中散寒止哎。半夏、柿蒂、旋复花、砂仁、木香行气降逆止呕。

西药:小苏打 100 g,食盐 50 g,水溶灌服,每日早晚各一次,樟脑磺酸钠 10~20 mL 肌肉注射,每日一次,持续治疗 2~3 d。

☞ *17.* 如何诊治奶牛冬痢?

诊断:可根据发病季节、发病规律及特征性的病状进行诊断。冬痢的潜伏期很短,一般感染 3 d 后就发病,发病迅速,呈急性暴发性传播。发病时的粪便呈水样,棕色,有腥臭味,常呈喷射状排出,有 50%~80% 的病牛粪便中伴有鲜红的血液和血凝块,体温、呼吸、脉搏、食欲和饮水都接近正常,只有少数严重病例(5%~10%)精神沉郁,腹围缩小,体躯发冷、衰弱,有时不能站立,乳牛产奶量明显下降。犊牛发病晚而轻或不发病。本病应与沙门氏菌病、饮食性胃肠炎、病毒性腹泻等病相区别,特别注意粪便中有无血液,血液的新鲜程度及全身症状等情况。

防治:目前还没有有效的疫苗。根据各地经验,冬痢无须特殊治疗即能自愈。但对于症状较严重的病例,须进行一定的对症治疗,以缩短病程。一般采用磺胺脒,每头 50 g,或痢特灵,每头 2 g,灌服 1～2 次。也可用肠道防腐收敛剂,如松馏油、克辽林等,每头 30～60 g,混合灌服,12 h 后再重复一次。对脱水严重和衰弱者要进行补液,并适当控制精饲料喂量,以供给营养丰富的糊粥为好。

☞ *18.* 如何诊治牛便秘?

便秘是因肠平滑肌蠕动机能降低所致的排粪迟滞,常发于结肠。多见于成年牛、老龄牛。主要原因是饲料过粗、缺乏饮水、重度使役;长期大量饲喂浓质饲料,或饲料过干,混有大量植物根须、毛发,阻塞肠管。临床上主要表现为腹痛、排粪停止、脱水。病牛不吃不喝,反刍减少或废绝,有的弓背、努责,屡呈排便姿势,或蹲伏,或后肢踢腹部,有的喜卧不愿站立,后期排便停止,或仅排出一些胶冻样团块,并呈现脱水症状。

预防该病主要是供给充足的饮水,减少粗老、干硬饲料。一旦牛患便秘,应采取镇痛、通便、补液、强心的治疗措施。镇痛可选用哌替啶注射液或阿片酊;通便可投服硫酸镁或硫酸钠 500～800 g,也可用液状石蜡 1 500～2 000 mL;上述方法无效后,可采用直肠破结法。

☞ *19.* 牛胃肠炎是如何发生的? 如何治疗?

胃肠炎是指胃肠黏膜及其深层组织发生的炎症。主要是因胃肠受到强烈有害的刺激所致,多因吃了品质不良的草料,如霉变的干草、冷冻腐烂块根、草料,变质的玉米等;有毒植物、刺激性药物及误食农药污染的草料,可直接造成胃肠黏膜损伤,引起胃肠炎;因营养不良、过度劳役或长途运输造成机体抵抗力降低,使胃肠道内的条件性致病菌(大肠杆菌、坏死杆菌等)毒力增强而引起胃肠炎,此外,滥用抗生素,也可造成胃肠菌群紊乱,引起二重感染。

临床表现为剧烈腹泻,粪便稀薄,常混有黏液、血液及脱落的坏死组织碎片等,有时混有脓汁,气味恶臭。病程延长,出现里急后重等症状。此外,可见病牛精神沉郁,食欲废绝,饮欲增加,反刍停止,体温升高等症状。

治疗:首先要去除病因,加强护理,绝食1~2 d,以后喂给少量柔软易消化的饲料,病初或虽排恶臭稀便,但排粪不通畅时,应清理胃肠,给予300~400 g硫酸钠(镁)缓泻药等。当肠内容物已基本排空,粪的臭味不大而仍腹泻不止时,则要止泻,用0.1%高锰酸钾液 3 000~5 000 mL 内服,或用其他止泻药。消除炎症,可选用抗生素等。肠道出血可给予维生素 K。此外,应根据情况给予补液和缓解酸中毒。

☞ 20．牛感冒是如何发生的? 如何防治?

感冒是以上呼吸道黏膜炎症为主要表现的急性全身性疾病。早春、晚秋气候多变时易发,多因受寒而引起,如寒夜露宿、久卧凉地、贼风侵袭、冷雨浇淋、风雪袭击等。

临床表现为发病突然,精神沉郁,食欲减退或废绝,反刍减少或停止,鼻镜干燥,时常磨牙。体温升高,脉搏增数,呼吸加快。结膜潮红,羞明流泪。咳嗽,流水样鼻液。肺泡呼吸音增强,有时可听到湿啰音。口色青白,舌质微红,舌苔薄。瘤胃蠕动音弱,粪便干燥。

治疗:应让病牛充分休息,保证饮水,喂给易消化的饲料,及时应用解热剂,一般可内服阿司匹林10~25 g,肌肉注射30%的安乃近、安痛定注射液20~40 mL。为防止继发感染,应配合应用抗生素或磺胺类药物。排粪迟滞者,应用缓泻剂。为恢复胃肠机能,可用健胃剂。

预防:加强牛的耐寒锻炼,增强机体抵抗力,注意气候变化,御寒保温,防止受凉。

☞ *21.* 牛鼻出血是如何发生的？如何治疗？

鼻出血是鼻腔及鼻腔附近组织血管破裂造成的。常见于粗暴的检查和插胃管；鼻及其周围组织的挫伤、鞭打，牛相互角斗；异物刺入鼻腔，引起鼻黏膜发炎与溃疡；过度使役或在强烈日光照射下劳役，由于血压异常升高，血管极度怒张而破裂；某些传染病、中毒病或某些血液病，也能引起鼻出血。另外，喉、肺、胃血管破裂，鼻骨骨折、副鼻窦炎等，也可通过鼻道流出血液。轻度的鼻出血通常可自行止血。

单纯鼻黏膜损伤，血液新鲜，出血呈持续性，血中不混杂物。副鼻窦出血，多有慢性出血病史，出血呈间断性，常混有脓汁或腐败物。肺出血，血液为鲜红色，内有多量小气泡，病牛咳嗽，肺听诊有啰音。胃出血，血液呈污褐色，内含有食物。

治疗牛鼻出血时，应使牛安静，用凉水轻轻冲洗鼻部和头部。用1%明矾溶液或0.1%肾上腺素浸湿纱布条填塞鼻孔。严重出血时，用0.1%肾上腺素5～10 mL，皮下注射；或5%氯化钙300～500 mL、安络血10～20 mL，一次静脉注射。

预防牛鼻出血，要加强管理，防止鼻黏膜机械性损伤的发生，不要打击牛的头部，炎热季节不要过度使役，使役时间不要太长，使役后应将牛置于阴凉地，保证饮水。

☞ *22.* 如何诊断奶牛肺炎？

肺炎为肺实质的炎症，常伴有细支气管炎和胸膜炎的发生。牛的肺炎多起因于支气管源性，故也称支气管肺炎。其临床特征是体温升高、咳嗽、呼吸困难和肺部听诊有异常呼吸音。本病多见于犊牛和体弱牛，以冬、春寒冷季节发病较多。

病因：肺炎分原发性和继发性两种。

(1)原发性:即直接由病毒、细菌、真菌、寄生虫及不良的物理性和化学性因子所致。

(2)继发性:当奶牛患有子宫炎、乳房炎及创伤性心包炎等,由于原发病灶的病原微生物由血液或淋巴转移入肺所致。

饲养不当,营养缺乏特别是维生素 A 缺乏,体质衰弱,厩舍阴暗潮湿,通风不良,灰尘、氨气集聚,冬季无防寒保暖设施、机体受寒,这皆可引起机体及肺组织抵抗力降低,从而促使疾病发生。

临床症状:病初症状不明显,偶尔见咳嗽。随着病的发展,病牛精神沉郁,食欲减少至废绝,反刍停止。粪便干少,有的腹泻,产乳量骤减。鼻漏初为多量透明浆性,后量少,呈黏性、脓性,最后又变为多量浆性。咳嗽初呈干咳、具痛苦,后为湿咳。呼吸次数增加,每分钟达40~90 次,站立时头颈直伸,鼻翼翕动,有的见张口呼吸,黏膜发绀。体温升高至 40~41℃,呈弛张热。心跳加快达 90~100 次/min,心音初增强、后微弱。肺部听诊见肺泡音减弱或消失,病灶周围组织肺泡音增粗;肺部叩诊病区呈半浊音或浊音。

诊断:本病根据其临床特征表现弛张热,短促咳嗽,呼吸困难,听诊局部肺泡音减弱或消失,局部肺泡音增强,有捻发音,叩诊局部有浊音区,可以诊断。临床上应与肺气肿、牛巴氏杆菌病、牛肺疫、牛肺结核、肺水肿等进行类症鉴别。

☞ *23*. 如何防治奶牛肺炎?

预防:加强饲养管理,减少刺激呼吸道的各种应激因素,增强机体体质,提高奶牛抗病力。

治疗:对病牛应加强护理,单独饲养,给予易消化、适口性好的饲料。治疗原则是抗菌、消炎,阻止炎症的扩散;强心、利尿,减少渗出;已渗出时,应促使渗出物吸收。

抗菌、消炎,可选用广谱抗菌药物:从牛场具体情况出发,应选用敏感性高的抗菌药物。除青霉素外，可选用新霉素 4 mg/kg 体重，肌肉注射，每日两次，连续注射 7 d；四环素为 5～12 mg/kg 体重，一次静脉注射，每日两次；也可选用卡那霉素、土霉素、氯霉素、磺胺二甲基嘧啶、磺胺二甲氧嘧啶等。

减少渗出和促进渗出物的吸收：速尿，剂量为 250 mg，一次肌肉注射，每日两次。或用 5％葡萄糖生理盐水 500～1 000 mL、25％葡萄糖 500 mL、10％水杨酸钠 100 mL、40％乌洛托品 20～30 mL、20％安钠咖液 10 mL，一次静脉注射。

缓解呼吸困难，可使用支气管扩张药物、非皮质固醇类和抗组织胺类药物：阿托品 0.048 mg/kg 体重，一次肌肉注射，每日两次。地塞米松 10～20 mg/kg 体重，一次肌肉或静脉注射，每日一次。盐酸扑敏宁 1 mg/kg 体重，一次肌肉注射，每日两次。中药治疗：处方为百合、桔梗、冬花、天冬、寸冬、连翘、花粉、百部、枝子、黄芩、紫苑各 30 g，知母 40 g，斗令、甘草各 24 g，磨成粉末，一次口服，每日 1 剂，连服 3 剂。

☞ 24．如何诊治牛支气管肺炎？

牛支气管肺炎主要是由于寒冷以及各种理、化因素的刺激所致，也可继发于喉炎、传染性鼻气管炎、肺丝虫病。

诊断：急性支气管炎主要症状是咳嗽，初期为短咳、干咳，以后变为长咳、湿咳。病初流浆液性鼻液，以后流黏液性或黏液脓性鼻液。胸部听诊，肺泡呼吸音增强，可听到干、湿啰音，胸部叩诊无明显变化。体温正常或升高，呼吸、脉搏稍增数。当发生细支气管炎时，全身症状较重，食欲减退，体温升高 1～2℃，呈现呼气性呼吸困难，结膜发绀。当发生腐败性支气管炎时，除上述症状外，呼出气带恶臭味，两侧鼻孔流污秽不洁和带腐败臭味的鼻液，全身症状更为重剧。

慢性支气管炎主要症状为持续性咳嗽，尤其在运动、采食及早晚气温降低时更为明显，而且多为剧烈的干咳。鼻液少而黏稠。胸部听诊,可长期听到干啰音,胸部叩诊一般无变化。病程长久,时轻时重,当气温骤变或服重役时,症状加重。

治疗:病牛频发咳嗽,分泌物黏稠不易咳出时,应用溶解性祛痰剂,如氯化铵 15 g,杏仁水 35 mL,远志酊 30 mL,温水 500 mL,一次内服;或碳酸氢钠 20～30 g,远志酊 30～40 mL,温水 500 mL,一次内服;或氯化铵 20 g,碘化钾 2 g,远志末 30 g,温水 500 mL,一次内服;或人工盐 30 g,甘草末 10 g,氯化铵 15 g,温水 500 mL,一次内服。

病牛频发痛咳,分泌物不多时,可选用镇痛止咳剂。如复方樟脑酊 30～50 mL,一次内服;或磷酸可待因 0.2～2.0 g,温水 500 mL,一次内服;或复方咳必清糖浆 100～150 mL,一次内服;或枇杷止咳露 200～250 mL,一次内服。

为控制感染,宜使用抗生素或磺胺类药物。如青霉素、链霉素各 100 万 U,肌肉注射;10% 磺胺嘧啶钠液 100～150 mL,静脉注射。如直接向气管内注入抗生素,则效果更佳。一般可用青霉素 100 万 U,或链霉素 100 万 U,溶于 15～20 mL 蒸馏水内,气管内一次注入,每日 1 次,连续注射 5～6 次为 1 疗程。

当病牛呼吸困难时,可用氨茶碱 1～2 g,一次肌肉注射;或用 5% 麻黄素 4～10 mL,一次皮下注射。

预防:加强御寒保温工作,防止各种理化因素的刺激,保护呼吸道的防御机能。及时治疗易继发支气管炎的各种疾病。

☞ 25. 牛尿道炎是如何发生的?如何防治?

尿道炎是指尿道黏膜发生的炎症。常见于导尿时导尿管消毒不彻底,无菌操作不严密,导致细菌感染;或导尿时操作粗暴,以及尿结石的机械刺激,致使尿道黏膜损伤而感染。也可由邻近器官的炎症蔓延而引起。

病牛常呈排尿姿势,排尿时表现疼痛,尿液呈断续状流出。由于炎症的刺激,常反射地引起公牛阴茎频频勃起,母牛阴唇不断开张。严重时可见黏液、脓性分泌物不断从尿道口流出。尿液浑浊,常含有黏液、血液或脓液,有时混有坏死、脱落的尿道黏膜。触诊或尿道控查时,患牛疼痛不安。若时间较长,则可因尿道黏膜发生坏死、增生而导致尿道狭窄甚至阻塞,最终引起尿道破裂。

预防:为了防止尿道感染,导尿时导尿管要彻底消毒,操作时要严格按操作规程进行,防止尿道黏膜的损伤感染。要及时治疗泌尿和生殖系统疾病,以防炎症蔓延至尿道。

治疗:参见膀胱炎的治疗。

☞ 26. 如何诊治牛的尿道结石?

牛的尿道结石是机体在矿物质代谢紊乱的情况下,尿液中析出的盐类结晶形成大小不一、数量不等的凝结物,积滞于尿道并刺激尿道黏膜而引起的出血性炎症和尿道阻塞性疾病。公牛发病率高,犊牛易患该病。

病初,病牛排尿迟细,排尿时间延长,或尿淋漓。当结石完全阻塞某段尿道时,病牛烦躁不安,频频举尾,作排尿姿势但无尿排出。直肠检查,膀胱高度充盈,体积增大。若长期尿闭,可引发尿毒症或膀胱破裂。

诊断:根据临床症状,直肠检查和腹部 X 线影像来确诊。

治疗:促进结石排出,抗菌消炎,对症治疗。

(1)促进结石排出:尿道未完全阻塞时,一般多用排石汤加减:海金砂、鸡内金、石苇、海浮石、滑石、瞿麦、萹蓄、车前子、泽泻、生白术等。插入导尿管,用水反复冲洗,适于小的结石。

(2)抗菌消炎:可用小诺霉素、地塞米松等。

(3)手术治疗:结石严重者,可实施手术,将结石取出。

☞ *27.* 如何治疗牛膀胱炎？

膀胱炎是指膀胱黏膜或黏膜下层的炎症。常因细菌感染所致,也可因邻近器官组织炎症蔓延而引起,还可见于长期不良刺激,如膀胱结石、导尿管刺伤等引起。

急性膀胱炎表现为尿频、尿痛,每次排尿量减少,多呈点滴状流出,疼痛不安。若膀胱颈部黏膜肿胀或括约肌痉挛,引起尿闭,无尿排出,患牛不安、呻吟,阴茎频频勃起,阴门频频开张。直肠检查或外部触诊,膀胱高度充盈,久则可导致膀胱破裂,痛感突然解除,不久病情恶化。尿液检查,浑浊,尿沉渣中可见大量白细胞、红细胞、膀胱上皮或脓细胞。全身症状通常不明显,当炎症蔓延到深部组织,则可出现发热。严重的出血性膀胱炎,可引起贫血。

慢性膀胱炎,病程较长,症状较轻,无明显排尿困难。

治疗:抗菌消炎、防腐消毒和对症治疗。

灌洗膀胱,选用导尿管导出尿液,再经导尿管注入生理盐水灌洗,然后再用 1%～3% 硼酸溶液、0.1% 高锰酸钾溶液、0.1% 雷佛奴尔反复灌洗 2～3 次。慢性的,用 0.02%～0.1% 硝酸银溶液或 0.1%～0.5% 蛋白银溶液灌洗。

消毒尿路,可用 40% 的乌洛托品 50～100 mL,一次静脉注射,每天 2 次,连用 3～5 d;或用呋喃妥因,12～15 mg/kg 体重,一次内服,每天 2 次。

抗菌消炎,用青霉素 100 万～200 万 U,加 50 mL 生理盐水或 0.5% 普鲁卡因,混合一次注入膀胱,每天 1～2 次,连用 3～5 d。

☞ *28.* 牛的膀胱破裂是如何发生的？有何表现？

引起膀胱破裂最常见的原因是继发于尿路的阻塞性疾病,特别是由尿道结石、砂性尿石或膀胱结石阻塞了尿道或膀胱颈;尿道炎引起的局部水肿、坏死或瘢痕增生;阴茎头损伤以及膀胱麻痹等,造成膀胱积尿,均易引发膀胱破裂。膀胱内尿液充盈,容积增大,内压增高,膀胱壁变薄、紧张,此时任何可引起腹内压进一步增高的因素,例如卧地、强力努责、摔跌、挤压等,都可导致膀胱破裂。

对公牛不正确地或多次反复地直肠内膀胱穿刺导尿,可导致膀胱的不全破裂,尿液渗出到膀胱周围而发生局限性腹膜炎。轻者造成膀胱和直肠的部分粘连,重者发生大范围粘连甚至造成直肠—膀胱瘘。

膀胱破裂后,凡因尿闭所引起的腹胀、努责、不安和腹痛等症状,随之突然消失,病牛暂时变为安静。发生完全破裂的病畜,虽然仍有尿意但却无尿排出,或仅排出少量尿液。大量尿液进入腹腔,腹下部腹围迅速增大。腹腔穿刺,有大量已被稀释的尿液从针孔冲出,一般呈棕黄色,透明,有尿味。继发腹膜炎时,穿刺液呈淡红色,较浑浊,且常有纤维蛋白凝块将针孔堵住。直肠检查,膀胱空虚皱缩,或膀胱不易触摸到。

随着尿液不断进入腹腔,腹膜炎和尿毒症的症状逐渐加重。病牛精神沉郁,眼结膜高度弥漫性充血,体温升高,心率加快,呼吸困难,肌肉震颤,食欲消失,反刍停止,胃肠弛缓,瘤胃呈现不同程度的鼓气,便秘。腹部触摸紧张、敏感,病牛努责,有时出现起卧不安等明显的腹痛症状。一般于破裂后 2～4 d 进入昏迷状态,并迅速死亡。

由于直肠内膀胱穿刺导尿所引起的膀胱穿孔,直肠检查时可触及不充盈的膀胱,直肠与膀胱间因有纤维蛋白析出和气体的存在而呈现捻发音。有些病例因尿液漏入腹腔,发生局限性腹膜炎。随着纤维蛋白析出,与膀胱周围组织发生广泛粘连,严重者导致排粪或排尿障碍。

☞ 29 . 如何诊治牛膀胱破裂?

诊断:根据腹围迅速增大,触诊摸不到膀胱等临床症状,可怀疑膀胱破裂。腹腔穿刺可得到大量液体,并可就其细胞学、蛋白含量和肌酸酐水平进行分析。必要时可以肌肉或静脉注射染料类药物,于30～60 min后,再行腹腔穿刺,根据腹水中显示的颜色,即可确诊。

治疗:对膀胱破裂口及早修补;控制感染和治疗腹膜炎、尿毒症;积极治疗导致膀胱破裂的原发病。

采用膀胱修补术进行手术修复。一旦破裂口修补好,大量尿液引出体外后,腹膜炎和尿毒症通常在1～2 d后即能缓解,全身症状很快好转,此时在治疗上切勿放松,必须在治疗腹膜炎和尿毒症的同时,抓紧时间治疗原发病,使尿路及早地通畅,恢复排尿功能。患膀胱炎的病牛,术后除了需全身用药外,每日应通过导尿管用消毒液冲洗2～3次,随后注入抗菌药物。过5～6 d后可夹住管头,定时排尿,等炎症减轻和尿路畅通后,每日延长夹管时间,直到拔管为止。若原发病已治愈或排尿障碍已基本解决,一般术后10～15 d将导管拔除。

☞ **30. 牛膀胱麻痹的恢复性治疗措施有哪些?**

实施导尿,防止膀胱破裂;膀胱积尿不严重的病畜,采取直肠内膀胱按摩,排除积尿,每日2～3次,每次5～10 min;提高膀胱的收缩力,硝酸士的宁15～30 mg,皮下注射;尿闭时,可用氯化钡治疗,按0.1 g/kg体重的剂量,配成1%灭菌氯化钡水溶液,静脉注射。对久治不愈的病例,不妨一试;防止感染,可用尿道消毒剂和抗生素。

☞ **31. 牛中暑是如何发生的? 如何防治?**

中暑是日射病和热射病的总称。在炎热季节,牛的头部受到强烈日光的直接照射,引起脑实质的急性病变,发生日射病;在潮湿闷热的环境中,机体散热困难,引起中枢神经系统机能紊乱,发生热射病。

中暑通常在酷暑盛夏或环境高湿时突然发病,病牛精神沉郁或兴奋。运步缓慢,体躯摇晃,步样不稳。全身出汗,体温 42℃以上,脉搏每分钟 100 次以上。呼吸高度困难,张口呼吸,呼吸次数达每分钟 80 次以上,肺泡呼吸音粗粝。结膜潮红、食欲废绝,饮欲增进。后期,高热昏迷,卧地不起,肌肉震颤,意识丧失,口吐白沫,痉挛而死。

治疗:应立即将病牛放于阴凉通风处,用冷水泼身或灌肠,勤饮凉水。用 2.5%氯丙嗪 10～20 mL,肌肉注射或静滴。当体温降至 39℃时,即停止降温。然后进行对症治疗,为纠正酸中毒,可静脉注射 5%碳酸氢钠 500～1 000 mL;为降低颅内压可静脉注射 20%甘露醇 500～1 000 mL 或 50%葡萄糖 300～500 mL;当病牛兴奋不安时,可静脉注射安溴注射液 100 mL。

预防:在炎热季节,应早晚干活,中午休息;使役时应多休息,勤饮水;在烈日下作业,应有遮挡设施。厩舍应宽敞,通风良好。车船运输牛时,不可过于拥挤。

☞ **32. 如何诊治奶牛虚汗症?**

虚汗分自汗与盗汗两种,是植物性神经功能紊乱的一种症状。中医认为,白天出汗为自汗属阳虚;夜间出汗为盗汗属阴虚。自汗为阳虚不能自卫,汗孔疏而少闭,故汗出;盗汗为阴虚不能内守,夜间阳入里,阴为阳所迫而汗自生,故盗汗。应以补其阳而自汗止,阳得补则其阴得以濡布而盗汗愈。

在治疗奶牛虚汗时应用加味方剂,其组方为:黄芪 50 g、当归 15 g、麻黄根 30 g。加入麻黄根一味有加强止汗作用,能止一切虚汗。

☞ **33. 牛子宫内膜炎是如何发生的? 有何临床表现?**

子宫内膜炎是指子宫内膜炎症的统称。可分为产后子宫内膜炎和慢性子宫内膜炎,前者是产后子宫内膜的急性炎症,多伴有全身症状;后者多为缺乏全身症状的局部感染,是不孕的主要原因。急性子宫内膜炎主要是因分娩时或产后,病原微生物通过产道及周围炎症感染侵入,尤其是发生难产、胎衣不下、子宫脱出、子宫复旧不全及胎儿浸溶等病,极易引起子宫内膜炎症。本病亦可继发于一些生殖系统的传染病,如布氏杆菌病、沙门氏菌病等。

急性者,表现精神沉郁、食欲减退甚至废绝,反刍减少或停止,体温可能升高。可见阴道内排出少量黏液或浑浊的脓性分泌物,病情严重则可见分泌物呈污红色或棕红色,气味恶臭,卧下时流量增多。病牛常痛苦呻吟,时有弓背努责表现。直肠检查,子宫角增粗、增大,壁较厚,收缩力微弱,有时有波动感。

慢性者,患牛全身症状不明显,仅食欲和产奶量稍有降低,生殖机能障碍,不易受孕。阴道检查,可见阴道内常积有少量混浊黏液。直肠检查,子宫角增粗、增大,壁较厚,收缩力微弱,有时有波动感。当化脓时,全身症状加重。

☞ 34. 怎样治疗牛子宫内膜炎?

急性子宫内膜炎,主要措施是抗菌消炎,可直接向子宫内注入抗生素,常用金霉素 1 g 或青霉素 100 万 U,溶于 150 mL 生理盐水中,注入子宫腔,每两天一次,直到子宫内排出的液体变透明为止。如果患畜有发热现象,可全身应用抗生素。促进子宫内液体排出,可用催产素。

慢性子宫内膜炎,主要措施是冲洗消毒,可用温的 0.1% 高锰酸钾溶液 250~300 mL 冲洗子宫,直到排出的液体呈透明时为止。促进子宫收缩,恢复性周期,促进子宫内液体排出,可使用麦角新碱或催产素等子宫收缩药。如继发败血症或脓毒血症,大剂量应用抗生素及磺胺类药物,可选用青霉素、链霉素,也可用磺胺嘧啶钠注射液,直到体温恢复正常 2~3 d 后为止。

☞ 35．卵巢囊肿有何临床表现？如何诊治？

卵巢囊肿可分为卵泡囊肿和黄体囊肿。

病因：确切原因尚不完全清楚。目前认为，卵巢囊肿可能与内分泌机能失调、促黄体素分泌不足、排卵机能受到破坏有关。

症状：卵泡囊肿时，病牛发情不正常，发情周期变短，而发情期延长，或者出现持续而强烈的发情现象，成为慕雄狂。母牛极度不安，大声哞叫，食欲减退，频繁排粪排尿，经常追逐或爬跨其他母牛。病牛性情凶恶，有时攻击人畜。直肠检查时，通常可发现卵巢增大，在卵巢上有 1 个或 2 个以上的大囊肿，略带波动。

黄体囊肿时主要表现是母牛不发情。直肠检查时，卵巢体积增大，可摸到带有波动的囊肿，大小与卵泡囊肿相似，但囊壁较厚、较软。

诊断：根据临床症状即可确诊。单纯通过直肠检查不易区分卵泡性囊肿和黄体性囊肿，运用超声扫描术和测定血液黄体酮水平诊断更为准确。

治疗：多数卵巢囊肿需要治疗，人工挤破囊肿易造成纤维化、粘连或出血，所以不宜采用。治疗卵巢囊肿的药物包括：促性腺激素释放激素、人绒毛膜促性腺激素和前列腺素等。为使治疗过的母牛尽快发情，需在注射促性腺激素释放激素后 9～12 d 进行直肠检查，如已形成明显的黄体，可用前列腺素诱导发情。禁止在产后早于 9 d 就注射前列腺素，这样可能促成卵巢囊肿再度发生。

前列腺素及其类似物是治疗黄体性囊肿的最理想的药物。根据黄体酮水平的测定，使用前列腺素对黄体性卵巢囊肿进行特效治疗可快速恢复发情。一般肌肉注射前列腺素 5～10 mL；或肌肉注射氯前列烯醇 4 mL。也可以用促黄体素释放激素类似物或绒毛膜促性腺素进行治疗。还可以用催产素进行治疗，肌肉注射 400 U，分 4 次给予，每隔 2 h 一次。也可手术治疗，即通过直肠挤破或刺破黄体囊肿。

除了治疗卵巢囊肿之外,也应同时治疗诱发卵巢囊肿的疾病,如子宫内膜炎。当一个牛群卵巢囊肿的发病率比预期的要高时,应当评估牛的营养状况和其他的管理因素。

☞ *36*. 如何诊治牛持久黄体?

在排卵(未受精)后,黄体超过正常时间而不消失,叫作持久黄体。本病的特征是长期不发情。经数次直肠检查,发现卵巢的同一部位有较大的黄体存在,可以是一侧卵巢,也可以是两侧卵巢。子宫多松软下垂,收缩反应减弱。由于持久黄体持续分泌助孕素,抑制卵泡的发育,致使母牛久不发情,引起不孕。

病因:饲养管理不当(饲料单纯、缺乏维生素和无机盐、运动不足等),子宫疾病(子宫内膜炎、于宫内积液或积脓、产后子宫复旧不全、子宫内有死胎或肿瘤等)均可影响黄体的退缩和吸收,而成为持久黄体。

症状:母牛发情周期停止,长时间不发情,直肠检查时可触到一侧卵巢增大,比卵巢实质稍硬。如果超过了应当发情的时间而不发情,需间隔5~7 d,进行2~3次直肠检查。若黄体位置、大小、形状及硬度均无变化,即可确诊为持久黄体。但为了与怀孕黄体加以区别,必须仔细检查子宫。

防治:应消除病因,以促使黄体自行消退。为此,必须根据具体情况改进饲养管理,或治疗子宫疾病。

(1)激素治疗:前列腺素及其类似物是治疗持久黄体的特效药。肌肉注射前列腺素5~10 mL;或肌肉注射氯前列烯醇4 mL。还可用促性腺素、如孕马血清、绒毛膜促性腺激素、雌激素、催产素等。

(2)手术治疗:采用直肠检查法,挤破卵巢上的黄体。

(3)电针治疗:电针治疗可迅速使孕酮水平下降到最低,同时又能使雌二醇水平达到最高,从而引起发情。

☞ 37. 如何诊治牛卵巢机能不全？

本病的主要临床症状是发情周期延长,发情症状(表现)减弱,或安静发情。有的则出现发情周期紊乱现象(卵泡交替发育)。

(1)激素治疗:

① 肌肉注射促卵泡素 100～200 U,每日或隔日一次,共用 2～3 次。还可配合促黄体素进行治疗。

② 肌肉注射绒毛膜促性腺激素 1 000～3 000 U,必要时可间隔 1～2 d 重复注射一次。

③ 肌肉注射孕马血清 1 000～2 000 U,1～2 次。

④ 雌激素治疗:常用的雌激素类药物及用量为:肌肉注射雌二醇 4～10 mg。此类药物不宜大剂量连续用药,否则易引起卵泡囊肿。

(2)维生素 A 治疗:维生素 A 对于缺乏青绿饲料引起的卵巢机能减退有较好的疗效,一般每次肌肉注射 100 万 U,每 10 d 一次,一般在第 3 次往后的 10 d 内卵巢上会出现卵泡发育,且可成熟受胎。还可以配合维生素 E 进行治疗。

☞ 38. 如何诊治母牛屡配不孕？

母牛屡配不孕是指发情周期及发情期正常,临床检查生殖道无明显可见的异常,但输精 3 次以上不能受孕的繁殖适龄母牛及青年母牛。屡配不孕并非是一种独立的疾病,而是许多不同原因引起繁殖障碍的结果。引起屡配不孕的原因复杂而众多,归纳起来可概括为:

(1)受精失败:包括卵子发育不全、卵子老化、排卵障碍、卵巢炎、输卵管疾病、子宫疾病、环境因素不适、技术管理水平不佳、公牛精液品质不良等。

(2)早期胚胎死亡:指胚胎在附植前后发生的死亡。是屡配不孕的主要原因之一。

治疗:针对母牛屡配不孕的原因采取相应的防范措施,如推广人工授精,消除公牛不育症。不误配种时机,适时配种受胎。母牛患病不育,查因对症施治。对于体质瘦弱的母牛应尽量减轻劳役或放牧强度,增加精料喂量,恢复体质促进母牛正常发情排卵。对于患病母牛,应根据母牛的病情及时采取对症治疗措施。

☞ 39. 牛流产是怎样发生的? 如何诊治?

病因:引起流产的原因很多,通常可分为传染性流产、寄生虫性流产和普通性流产3大类。

(1)传染性流产:是由于病原微生物感染而导致的流产,如牛的布氏杆菌病、结核病、沙门氏菌病及一些病毒性疾病引起的流产。

(2)寄生虫性流产:是由于牛感染寄生虫而引起的流产,如牛感染毛滴虫、弓形虫、牛梨形虫病等引起的流产。

(3)普通性流产:原因比较复杂,可分为胎膜及胎盘异常、胎盘发育不全、营养性流产、外伤性流产、内分泌功能失调、继发于各种疾病、母体和胎儿血型不合等。

治疗:当母牛出现流产预兆,而胎儿仍活着,子宫颈口紧闭,胎水尚未流出。这种情况下的治疗应以保胎、安胎为原则。

当母牛的子宫颈口已张开,胎水已流出,流产已无法避免。这种情况下的治疗应以促进胎儿排出,避免胎儿死亡或腐败为原则。

当发生胎儿浸溶或胎儿干尸化时,要及时引产、助产,取出胎儿或胎骨。取出后要用0.05%的高锰酸钾或0.2%的雷佛奴尔等清洗子宫,并向子宫中投注抗生素。

☞ *40.* **如何诊治牛子宫捻转？**

诊断：根据发病史、临床症状、产道检查和直肠检查即可确诊。怀孕后期母牛突然出现腹痛不安。

(1)产道检查：如子宫捻转在 90°～180°，子宫颈管可容 1 拳至 2 指，经子宫颈管可触摸到胎膜及胎儿。如子宫捻转在 180°～360°，扭转的子宫颈管仅能容 1～2 指或旋扭紧闭，阴道壁和阴门亦呈与子宫捻转方向一致的斜向旋转。

(2)直肠检查：在耻骨前缘可摸到子宫体捻转处有一堆软而实的物体，阔韧带从两旁向此处交叉。

治疗：

(1)手术治疗：保定，手术台左侧卧保定。麻醉用 2‰～3‰盐酸普鲁卡因 20 mL，腰荐间隙蛛网膜下腔注射。切口，定位腹中线与右侧乳静脉之间，从乳房基部开始，做长 25～30 cm 的切口。切开皮肤、腹黄膜，钝性分离腹直肌，切开腹横肌腱膜、反挑式切开腹膜，显露子宫。沿大弯切开子宫，撕破胎膜，手握胎儿前肢或后肢，缓慢拉出。剥离胎膜，全层螺旋形缝合子宫，然后将肌层垂直内翻缝合。子宫缝合结束之后，术者根据子宫捻转方向，双手握子宫逆向旋转矫正。腹膜和腹横肌腱膜一次螺旋形缝合、结节缝合腹直肌、结节缝合皮肤。装置保护绷带。

(2)术后治疗：术后常规使用青、链霉素，内服中药"生化汤"加减。根据病情可给予输液、强心、解毒、利尿等治疗。

☞ *41.* **如何诊治牛难产？**

促进子宫颈口充分开张，提高产力。

(1)如子宫颈口未充分开张，可在子宫颈口周围分点注射盐酸普鲁卡因。

(2)如产力不足,可用垂体后叶素、催产素等药物加强子宫收缩力。

(3)还可配合母牛努责推压腹壁。

(4)矫正牵引。如胎位、胎向、胎势不正,必须先将胎儿进行矫正,然后可用徒手向外牵拉胎儿,也可借助产科绳、钩等向外牵引。

(5)截胎术。如果胎儿过大,产道高度狭窄等,可将胎儿用相应器械分割成几块,然后将其取出。

(6)剖腹术。用手术的方法,打开腹腔及子宫取出胎儿。

☞ 42. 怎样防治奶牛难产?

加强饲养管理:对孕畜加强饲养管理,干奶期奶牛饲料配方要科学,严禁饲喂发霉腐败及不易消化的饲料和过多精料;饲养过程中注意饲喂量及营养搭配,防止胎儿过大;牛舍不得过于拥挤,怀孕母牛分群饲养且密度适中;饲养环境保持清洁、干燥,母牛适当运动和进行阳光照射;初配母牛体格不宜过小,后备母牛在16~18月龄配种比较适宜,应达到成母牛体重的70%。母牛年龄不宜过大,若母牛年龄过大,由于骨盆扩张性能降低也易造成难产和胎儿死亡。引入适应当地环境气候的母牛,并选择合适的品种进行配种,也可降低难产的发生率。

适时进行助产:母牛生产时,人工适时助产可有效降低难产的发生率。母牛分娩前检查产道及子宫颈口开张程度是否正常,摸清胎位、胎向。确定分娩时间,母牛是初产或经产,胎膜是否破裂,观察有无羊水流出,记录破水时间。对胎衣早破,子宫颈开张不全的母牛,不能强行牵拉,需等待1~3 h后实施助产,并向子宫内灌注润滑剂,再试行牵引。提前制定助产措施,发生难产时及时处理。

☞ *43.* 牛胎衣不下是因何发生的?

该病是指母牛产出胎儿后,在 8～10 h 内胎衣不能脱落而滞留在子宫内。多见于老龄牛,奶牛多发,黄牛发病率约为 1%。主要原因:

(1)日粮不平衡,矿物质、维生素缺乏或不足,或精料喂量过多,机体过胖。

(2)胎盘不成熟,如应激、变态反应、子宫过度扩张(如胎儿过大、胎水过多、双胎)、子宫损伤等,导致怀孕期缩短,而使胎盘不能完成成熟过程,致使胎衣不下。

(3)妊娠期延长,胎盘结缔组织增生,也可阻止胎盘的分离。

(4)胎盘充血、发炎或坏死,引起胎盘粘连。

(5)子宫乏力,如营养不足、循环障碍、激素失调、代谢性疾病(低血钙、酮病等)、慢性疾病、难产、子宫扭转、运动不足等均可导致子宫乏力。

(6)激素失常。

☞ *44.* 牛胎衣不下有何表现? 如何治疗?

全部胎衣不下时,外观仅有少量胎膜悬于阴门外,阴道检查可发现未下的胎衣。患牛无任何异常表现,一些头胎母牛可见举尾、弓腰、不安和轻微努责。

部分胎衣不下时,大部分胎衣脱落而悬垂于阴门外。胎衣初为粉红色,因长时间悬垂于后躯,极易受外界污染,胎衣上附着粪便、草屑、泥土,容易发生腐败,尤其是夏季炎热天气。腐败时,胎衣色呈熟肉样,有剧烈难闻的恶臭味,子宫颈开张,阴道内温度增高,积有褐色、稀薄腥臭的分泌物。

患牛由于胎衣腐败、恶露潴留、细菌繁殖、毒素被吸收,呈现体温升高,精神沉郁,食欲下降或废绝。

治疗牛胎衣不下主要采取如下方法:

(1)剥离胎衣,对胎衣容易剥离的牛,可进行胎衣剥离;反之则不易硬剥。

(2)抗生素疗法,即应用广谱抗生素(四环素或土霉素2～4 g)装于胶囊,以无菌操作送入子宫,隔日一次,共用2～3 次,以防止胎衣腐败和子宫感染,等待胎盘分离后自行排出。也可用其他抗生素。

(3)激素疗法,可应用促使子宫颈口开张和子宫收缩的激素,如每日注射雌激素一次,连用2～3 d,并每隔2～4 h注射催产素30～50 U.直至胎衣排出。

(4)钙疗法,钙剂可增强子宫收缩,促进胎衣排出,用10%葡萄糖酸钙注射液、25%葡萄糖注射液各500 mL,一次静脉注射,每天2次,连用2 d。当胎衣剥离后,仍应隔日灌注抗生素,以加速子宫净化过程。

预防:加强饲养管理,注意精粗饲料喂量和比例,保证矿物质和维生素供给,及加强对老龄牛临产前的护理。

☞45. 如何诊治牛阴道脱出?

阴道脱出是指阴道壁的部分或全部内翻,脱离原来正常位置,突出于阴门之外。当牛妊娠后期,胎盘产生过多的雌激素,或患有卵巢囊肿时产生大量雌激素,可使骨盆内固定阴道的韧带松弛,引起阴道脱出;或者是胎儿过大,胎水过多,或怀双胎,使腹内压增高,也易造成阴道脱出。饲养管理不当,营养不良,体弱消瘦,运动不足,全身组织特别是盆腔内的支持组织张力降低,也可引起本病。此外,当牛患有瘤胃鼓气、积食、便秘、下痢、产前截瘫、直肠脱出,或严重的骨软症等疾病时,也可继发阴道脱出。

许多牛在产前多发生阴道部分脱出,在卧地时,可见到有一鹅蛋大或拳头大的粉红色瘤状物夹在两侧阴唇之间,或露出于阴门之外,站立时,脱出部分多能自行缩回。如时间过长,脱出的阴道壁会肿大,患牛起立后需经过较长时间才能缩回,或不能自行完全缩回。阴道脱出时间过久,表面常被粪便、褥草、泥土等污染,从而发生溃疡、坏死。阴道全部脱出时,可见到宫颈口,也可触及胎儿的肢体。病牛常表现不安、弓背、努责,时常做排尿动作。如脱出的阴道损伤严重,可能引起胎儿死亡和流产。

　　站起后能自行恢复的阴道部分脱出,特别是快要生犊的牛,分娩后多能自愈。对不能自行缩回的,或阴道全部脱出的,可实行站立保定,不能站立的要垫高后躯。还可用 2％普鲁卡因 10 mL,在第 1～2 尾椎间进行硬膜外麻醉;或用 1％明矾水、0.1％高锰酸钾液清洗脱出的阴道。有出血和伤口的,进行止血和必要的缝合。对水肿严重的可用热毛巾敷 10～20 min 使其体积变小。要注意对孕牛子宫颈黏液塞的保护,不要破坏和污染。用消毒纱布将脱出的阴道托起至阴门部,在助手的帮助下,用手将脱出的阴道送回盆腔,并加以适当固定。

☞ 46. 子宫脱出是如何发生的？如何治疗？

　　病因:多因怀孕期饲养管理不当,饲料单一,质量差,缺乏运动,畜体瘦弱无力,过劳等致使会阴部组织松弛,无力固定子宫,年老和经产母畜易发生。助产不当、产道干燥、强力而迅速拉出胎畜、胎衣不下,在露出的胎衣断端系以重物及胎畜脐带粗短等亦可引起。此外,瘤胃鼓气、瘤胃积食、便秘、腹泻等也能诱发本病。

　　症状:子宫部分脱出,子宫角翻至子宫颈或阴道内而发生套叠,仅有不安、努责和类似疝痛症状,通过阴道检查才可发现。子宫全部脱出时,子宫角、子宫体及子宫颈部外翻于阴门外,且可下垂到跗关节。脱出的子宫黏膜上往往附有部分胎衣和子叶。子宫黏膜初为红色,以后变为紫红色,子宫水肿增厚,呈肉冻状,表面发裂,流出渗出液。

治疗子宫部分脱出,只要加强护理,防止脱出部位再扩大及受损,如将其尾固定,以防摩擦脱出部位,减少感染机会;多放牧,舍饲时要给予易消化饲料等,可不必采取特殊疗法。子宫全部脱出,必须进行整复。

(1)复位:当即用 0.1%高锰酸钾溶液冲洗消毒,清除尚未脱落胎衣、坏死组织和污物,然后针刺放出水肿液。再用 3%的明矾液浸泡,然后施行整复手术,如果施行整复手术无效,那必须施行子宫体切除手术。

(2)手术疗法:将患牛横卧保定于前低后高的地方,用 1%~2%的普鲁卡因 5~10 mL 作荐尾麻醉,如果麻醉效果不佳,可以用氯丙嗪麻醉(0.6 mg/kg 体重,以 5%葡萄糖按照 1∶1 稀释后,静脉注射作全身镇静,以不倒地为限量)。对突出的阴道壁用 0.1%高锰酸钾溶液或者 0.05%~0.1%新洁尔冲洗消毒,再用 3%温明矾清洗收敛。然后用刀在预定切断处以下基部切一道口,伸入手指检查脱垂的子宫腔内是否有肠道或膀胱脱落,如有脱落,必须先将它送回骨盆腔内。在距子宫颈 10~15 cm 处,用直径 2 mm(手术细绳规格)经消毒涂油的细绳,作双套结缚扎。绳的两端系木棒,手持木棒每隔 5 min 勒紧双套结一次,共勒紧 4~5 次,至充分勒紧为止。为了充分封闭血管,按上法再扎第二道细绳,最后在距第二道结扎处 5 cm 处切断,用事先准备好的烧红烙铁,烧烙断端。撒上消炎粉或青霉素防止发炎,再将断端推回阴门里面。若此牛努责,使断端突出阴门处,可在阴门上进行圆枕缝合。

手术第二天大输液一次,用 10%葡萄糖 1 500 mL、盐水 1 500 mL、洁霉素 420 万 U、地塞米松 25 mL、维生素 C 30 mL,一次静脉注射。第 3 天开始,连用青霉素肌肉注射 5 d,以防创口发炎。

服补中益气汤:党参、生黄芪、白术、蜜升麻、蜜柴胡各 32 g,归身 64 g,陈皮、炙甘草各 16 g,五味子 26 g,大枣 15 个,生姜 3 片为引,研末,开水冲调,候温灌服。

☞47. 如何诊治牛子宫复旧不全?

子宫复旧不全的牛常无全身异常表现。产道检查时,会发现子宫颈口闭锁不全、松弛,有暗褐色恶露潴留。直肠检查时可感觉子宫肥大,收缩无力,子宫内有液体。本病可继发子宫内膜炎。

治疗:加强子宫收缩,促进恶露排出,是治疗本病的指导原则。具体方法有:

(1)肌肉注射催产素 100 U,日注射 2 次。

(2)用 5％盐水或 2％的碳酸氢钠温热后冲洗子宫。冲洗完后向子宫灌注一定量的抗生素,如金霉素 4 g。

(3)还可喂益母草膏、当归浸膏,肌肉注射维生素 A、维生素 D。

(4)注意原发病的治疗,防止酮病、产后瘫痪及胎衣不下等产后疾病的发生。

☞48. 如何诊治牛妊娠毒血症?

奶牛妊娠毒血症又叫奶牛肥胖综合征,是奶牛长期营养失调后,受产犊应激所引起的代谢紊乱。本病主要发生于一些饲养管理不当的奶牛,在产后数日内。但应将单独发生本病或相伴一些疾病而发生时,特别要和急性子宫炎、皱胃变位、创伤性网胃心包炎以及母牛爬卧综合征相鉴别。化验室诊断及尸体剖检可帮助确诊。化验诊断为,血糖降低(晚期可转高),血酮、血清游离脂肪酸升高,血浆二氧化碳结合力下降,血清钙下降($6 \sim 8$ mg/100 mL),血清磷升高(可达 20 mg/100 mL),肝的几项转氨酶都升高。

防治:可参考酮病治疗,此外产前患本病的奶牛,产后适当控制泌乳量,减少能量消耗,可缓解本病及提高治愈率。牛群发病率高时,应全面检查饲料,并调整精料的饲喂量。对肥胖的妊娠牛,进行适当的强制运动,减少高能量饲料,增加粗纤维饲料。妊娠 3 个月后,要防止奶牛过于肥胖,但又必须能满足母牛和胎儿发育的需要,这时应强调合理饲养牛。在妊娠末期和临产时不要随意改变饲料,减少冬季严寒、长途运输等刺激。做好产前、产后常见病防治工作,保持奶牛良好食欲,及早诊治常见病。

☞ *49.* 怎样防治围产期胎儿死亡?

围产期胎儿死亡是指在产出过程中及产后不超过一天所发生的犊牛死亡。出生前已经死亡者成为死胎。因传染病引起的胎儿死亡,需根据所患疾病对母牛进行防治。同时,注意圈舍卫生,防治仔畜感染。对脐带进行认真处理,以防止破伤风发生。加强选种选配,避免近亲繁殖。保证妊娠母牛的营养供应,改善孕牛饲养管理。搞好产房管理,发现难产要及时进行救助。产房要注意保湿、防寒,防止不良因素刺激。分娩后要让犊牛及时吃好初乳。

☞ *50.* 新生犊牛窒息如何救治?

该病是指犊牛出生后呼吸机能障碍,或没有呼吸仅有心跳。常因分娩时产道狭窄、胎儿过大或胎位异常,助产迟延引起。也见于倒生时,脐带受到挤压,使胎盘血液循环减弱或停止,导致胎儿过早呼吸,以致吸入羊水,发生窒息。还见于胎儿出生后,鼻端抵在地上或墙角,不能呼吸,而造成窒息。轻度窒息,犊牛呼吸微弱,不均匀,张口喘气,舌脱出于口角外,口鼻内充满羊水和黏液,脉弱,肺部听诊有湿啰音,全身软弱,可视黏膜发紫,心跳快。严重窒息,没有呼吸,反射消失,可视黏膜苍白,仅有微弱心跳。

抢救,擦净犊牛口、鼻腔内的羊水,或倒提两后肢,使吸入的羊水流出。然后有节律地轻压犊牛胸部,进行人工呼吸,有条件的可以输氧。针刺鼻盘的鼻中穴、鼻俞穴、承浆穴、山根穴等穴位,以诱发呼吸。兴奋呼吸中枢,用尼可刹米、山梗菜碱、安钠咖等呼吸中枢兴奋药物。轻度窒息的犊牛一般都可救活。恢复呼吸后,还应立即纠正酸中毒,静脉注射 5%碳酸氢钠 50~100 mL。为防止继发肺炎,可肌肉注射抗生素。

☞ *51.* 如何诊治胎粪停滞?

新生犊牛胎便停滞又称便秘,主要是指犊牛出生后 1~2 d,因秘结而不排胎便,并伴有腹痛症状。临床表现胎儿出生后 1 d 以上仍不排粪,精神不振,弓背,努责,频做排便姿势而无便排出,起卧不安,有刨地踢腹等腹痛症状时,要考虑是否出现胎便停滞(便秘),此时听诊肠音减弱或消失,或出现不吃奶,出汗,无力,脉搏加快,后期卧地不起等症状;用手指伸入直肠可摸到干硬粪块,或掏出黑色的浓稠粪便。

治疗:用温肥皂水灌肠,或由直肠灌入石蜡油 300 mL,用于软化粪便,以利排出。也可用细胶管插入患畜直肠内 30~50 cm,进行直肠深部灌肠,必要时经 2~3 h 后再灌肠 1 次;也可灌入开塞露 20 mL,或内服适量硫酸钠或露露通胶丸,同时配合按摩腹部促使粪便排出。

☞ *52.* 如何诊治新生犊牛肛门及直肠闭锁?

一般进行手术治疗。在肛门最突出部位以"十"字形切开皮肤,切到直肠末端盲端时,用止血钳钳住黏膜,一手向外轻拉,一手切开。排干净肠道内的积粪,用生理盐水反复冲洗。割掉肛门部位多余的皮肤。用缝针把直肠内层黏膜与同侧皮肤切口边缘衔接缝合,造成圆形肛门口。在肛门手术部位涂上碘酊,防止感染。

☞ 53. 如何治疗犊牛饮食性腹泻？

饮食性腹泻发生于所有年龄的奶牛,但最为常见的是吃奶过多或吃了难以消化食物或代乳品的新生犊牛。

犊牛饮食性腹泻,又称犊牛下痢。饲喂幼犊劣质代乳品是犊牛饮食性腹泻的常见原因之一,即是奶粉也常由于加工过程中蛋白质受热变性使其含量减少,在皱胃里不易凝结,消化率降低。用非牛乳碳水化合物和蛋白质,如大豆和鱼粉等用作代乳品,饲喂犊牛也会引起慢性腹泻和生长发育缓慢,还可能继发犊牛大肠杆菌病或沙门氏菌病。给犊牛饲喂过多的母牛全奶,虽然多不引起犊牛严重水泻,但常引起犊牛排出大量的异常粪便,有利于大肠杆菌的继发感染。饲喂食物的突然变化,尤其是断奶时,常常导致幼犊腹泻。原因是消化酶适应食物的变化,可能还需要若干天的时间。犊牛缺硒可发生腹泻,我国缺硒地区,如东北、河南、安徽等地已有不少有关犊牛缺硒腹泻的报道。缺硒可能是个诱因,从而易于继发感染发病。

临床表现为脱水、酸中毒和排出稀粪。因此,要坚持综合性治疗的原则,即抑菌消炎、恢复消化功能、补充血容量、维护心脏机能、缓解酸中毒的综合防治措施。对于消化不良引起的腹泻,主要是恢复消化功能,防止感染,并结合静脉注射,可以收到满意的效果。用酵母片8片、胃蛋白酶 2 g、陈皮末 5 g、磺胺脒 6 片、苏打粉 5 g,一次内服,轻者 1 次/d,重者 2 次/d。5％葡萄糖盐水 500 mL,5％碳酸氢钠 40 mL,0.5％氢化可的松 5 mL,10％维生素 C 10 mL。一次静脉注射。多数经上方治疗,即可治愈。

犊牛饮食性腹泻应针对病因进行治疗,过多饲喂母牛全奶引起的腹泻,应停止哺喂 24 h,用口服营养电解质溶液替代。由于代乳品引起的,改用全奶饲喂。缺硒性犊牛腹泻,用亚硒酸钠口服,3 mL/kg 体重,3 d 一次,连服 2～3 次。也可用 0.1％亚硒酸钠溶液皮下或肌肉注射,每只犊牛 5～10 mL,每 10～20 d 重复注射 1 次,共注射 2～3 次。在应用硒制剂的同时,配合应用维生素 E 治疗效果更好。对发生过缺硒或缺硒可疑的地方,给怀孕母牛注射 0.1% 亚硒酸钠溶液 20 mL,半个月或 1 个月注射 1 次,共注射 2～3 次,可预防犊牛缺硒性腹泻。当有肠道病原菌继发感染时,可选用口服或注射抗生素或磺胺药物治疗。加强责任心,搞好饲养管理是预防犊牛饮食性腹泻的关键。

☞54. 如何诊治犊牛血便?

临床特征:犊牛发病较为突出的表现即为血便,体温、呼吸和心跳都在正常范围内,有部分病例病情发展程度严重的会影响心血管系统,可出现心跳加快等全身反应。

食欲减退,饮水增多,精神呆滞。食欲、饮水及精神的变化在很大程度上可反映病情的严重程度,血便严重的可引起整个机体的代谢紊乱。

粪便的变化:粪便呈稀粥样,有血丝,有时可见粪便内带有肠黏膜或有脓汁。

其他症状:口腔干燥,唾液黏稠呈丝状,鼻唇镜干燥。病牛精神萎靡,皮毛粗乱,污秽,皮肤弹性降低,尿少且呈深黄色。

病因:

(1)妊娠母畜的饲养不良,特别是在妊娠后期,饲料中营养物质不足,尤其蛋白质、维生素和某些矿物质缺乏时,可造成母畜的营养代谢过程紊乱,引起胎儿的发育不良,体质衰弱,吮乳反射出现较晚,抵抗力低下,极易患胃肠道疾病。

(2)营养不良母畜的初乳中蛋白(白蛋白、球蛋白)、脂肪含量低下,维生素、溶菌酶以及其他物质缺少,从而影响了幼畜对外界的抵抗力。

(3)母乳中维生素,特别是 B 族维生素和维生素 C 缺乏时,可严重影响胃肠机能活动。当母乳中维生素 C 严重不足时,可减弱幼畜胃肠分泌机能。B 族维生素严重不足时,可导致幼畜胃肠蠕动机能障碍。

(4)哺乳母畜饲喂不当或患乳房炎以及其他慢性疾病时,可严重影响初乳的数量和质量。此种母乳中通常含有各种病原微生物。病原微生物入侵可导致胃肠黏膜损伤,引起腹泻、血便。

(5)幼畜机体受寒或畜舍过于潮湿、缺乏阳光等均可使细菌侵入机体内,从而影响机体的代谢功能。

(6)牛艾美耳球虫病时,裂殖体在牛肠上皮细胞中增殖,破坏肠黏膜,造成出血。主要特征为急性或慢性出血性肠炎,临床表现为渐进性贫血,消瘦和血痢。

防治措施:犊牛血便为常见病,但治疗却很困难,因此应加强饲养管理,搞好环境卫生,减少犊牛血便的发生率。

(1)隔离:及时把便血犊牛单独饲养和治疗,加强饲养管理,提高母乳质量,增强机体免疫力。

(2)消毒:对犊牛舍及其周围定期消毒,加强卫生防护,避免传播。

(3)治疗:对已经发病的犊牛口服 5‰葡萄糖 150 mL、复方盐水 150 mL、维生素 C 10 mL ×3、维生素 B 10 mL、硫酸新霉素 3~4 g;每日 2 次,一般 2~3 d 即可好转;或取磺胺脒 1 份,次硝酸铋 1 份,食母生 2 份,矽炭银 5 份,按比例混合均匀,按剂量 70 g/100 kg 体重,内服,每日 1 次,连用 3~5 次。重症者,每次食奶后口服补充盐水辅助治疗。发生牛球虫病时应用氨丙啉按 20~25 mg/kg 体重剂量口服,连用 4~5 d 为一疗程。

☞ *55.* 如何诊治犊牛肺炎?

诊断:症状主要有咳嗽,呼吸困难,频率显著加快,常站立喘气,体温升高,心跳加快,肺部听诊出现啰音。个别肺区由于支气管阻塞、肺泡萎缩,啰音或肺泡音消失。

治疗:可肌肉注射青霉素 160 万 U 或链霉素 100 万 U,也可用其他抗生素如氯霉素、土霉素、红霉素。呼吸困难,可肌肉注射氨茶碱或亚硒酸钠。

☞ **56.** **犊牛脐炎是如何发生的？如何治疗？**

脐炎是指脐带脉管及周围组织的炎症。常因断脐时消毒不严,犊牛互相吸吮脐带残段,或脐带残段长期被水或尿液浸渍发生感染。脐炎初期,犊牛常弓腰,不愿行走,脐孔及其周围发炎,疼痛,可挤出恶臭脓汁。病情进一步发展,可形成脓肿、腹膜炎甚至败血症,这时病犊体温升高,呼吸、心跳加快,脱水,最后衰竭而死。另外,脐孔还可感染破伤风。

治疗:先去掉脐带残段,脐孔内及其周围涂布碘酊,并做普鲁卡因封闭。已经化脓、坏死的,先用 3% 双氧水清理和冲洗,再用 0.2%～0.5% 雷佛奴尔反复冲洗,然后涂抗菌药等。出现全身症状的,应用抗生素。

预防:断脐要在脐带脉搏停止搏动后进行,并严格消毒。结扎剪断的,结扎一定要确实。出生时脐带已经断离的,要详细检查脉管和脐尿管断端是否确已封闭,并用 5% 碘酊浸泡消毒。每天两次检查脐带残段和脐部,并用碘酊消毒,发现异常及时处理,直到脐带残段干枯脱落。犊牛舍不能太拥挤,对有脐带残段吸吮癖的犊牛要单独喂养和拴养。

☞ **57.** **如何诊治犊牛脐疝？**

脐疝是指腹腔内脏器官经脐孔脱出至皮下。常因犊牛脐先天性缺损、脐部发炎及其他脐部的损伤,造成脐孔的闭合不良、过大,在摔跌或强力挣扎时,腹内压剧增,致使腹腔内脏器官(如大网膜、肠管、胃等)通过脐孔脱出至皮下而形成疝。在脐部可见球状的柔软隆起,触诊隆起内有滑动感,听诊有时可听到肠管蠕动音,若疝内容物与疝孔发生嵌闭则无此现象。病初,用手推挤包裹内容物,可将其还纳回腹腔内,若脐孔过大则松手后又会脱出。随着病程的延长,疝的内容物可能与疝囊粘连而不能再还纳回腹腔,同时隆起部皮肤出现水肿,多有热痛反应。病程长者,常导致内容物循环不畅发生瘀血、坏死。

防治:注意犊牛脐部护理,避免摔跌,及时治疗原发病。在确诊后必须立即进行手术治疗。

☞ 58. 如何诊治犊牛脐尿管瘘?

该病是指新生犊牛脐尿管闭锁不全,在排尿时从脐带断端或脐孔内流尿或滴尿。主要是因犊出生后脐尿管闭锁不全。另外,护理不当造成脐带断端被污染而发生炎症,导致闭锁处破溃,或被犊自己舔破,亦可造成脐尿管瘘。排尿时,可见从脐孔中流出尿液或呈滴状滴下。脐部长期受尿液刺激以及污染,常发生炎症,引起局部肉芽增生,不易愈合。时间延长,多在脐部创面中心形成一较小的瘘孔,尿液从孔中排出。

治疗:先作局部消炎处理,如有全身症状,还须全身应用抗生素。脐带断端未脱落的,可用5‰碘酒充分浸泡,再紧靠脐孔处结扎脐带。脐带断端脱落的,可用5‰碘酒或10%福尔马林在患部涂抹,每天2~3次,或用硝酸银棒或硝酸银溶液腐蚀,连用3 d,刺激肉芽生长,可自然封闭脐尿孔。若上述方法无效,必须进行手术。

☞ 59. 如何诊治犊牛血尿?

该病以犊牛排出红色尿液为特征。多发于冬春季节,以5个月龄内的犊牛易见。常因一次性暴饮所致。5月龄内的犊牛,正处于断奶前后,由于采食量增加,需水量随之增加,当供水不足,饮水受到限制,犊牛遇到水后极易发生一次性饮水过多。暴饮后,瘤胃鼓胀,腹部凸起,精神沉郁,伸腰踢腹,呼吸增数,鼻内流出淡红色液体,起卧不安,出汗,严重的共济失调,强直痉挛,昏迷。排尿次数增加,呈淡红色或暗红色,透明。个别病例,咳嗽,肺部听诊有啰音。

治疗:应将犊牛置于温暖室内,单独饲喂,限制饮水,不需治疗,经2~3 d,血尿症状就可自行消除。止血可用安络血 10~20 mL,维生素 K 15 mL,或仙鹤草素 10~20 mL,肌肉注射。消炎可用抗生素。利尿,可用 25%葡萄糖液 200~300 mL、10%安钠咖 5~10 mL、40%乌洛托品 20~30 mL,静脉注射。

预防:主要是加强饲养管理,防止暴饮。

☞ 60. 奶牛乳房炎是如何发生的? 如何治疗?

奶牛发生乳房炎通常需要一定的诱因,如饲养管理不当,饲养环境卫生差,挤乳方法不正确等。此外,乳房炎的发生与性激素也有关系,多发生在发情期后 3~9 d。外源性雌激素的摄入量增加,乳房炎发病率亦增高。干乳期乳房炎发病率比泌乳期高,可能与泌乳期使用抗生素多有关。感染途径通常有乳源径路、血源径路和淋巴源径路。病原微生物包括细菌、霉形体、真菌和病毒。在一定诱因存在的情况,病原微生物经上述 3 种途径感染乳房,即可引起乳房炎的发生。

临床表现:轻病者,触诊乳房不觉异常,或有轻度发热、疼痛或肿胀,乳汁中有絮状物或凝块,有的乳变稀。重度的,皮肤发红,触诊乳房发热、有硬块、疼痛、常拒绝检查。产奶量减少,乳汁呈黄白色或血清样,内有凝乳块。全身症状不明显,体温正常或略高,精神、食欲正常。慢性乳房炎时,一般临床症状不明显,全身情况也无异常,产奶量下降,可反复发作,导致乳房萎缩,成为"瞎乳头"。

治疗:消除原因与诱因,改善养殖场奶牛饲养和挤乳卫生条件等是取得良好疗效的基础。具体可采如下治疗措施：

(1)乳房神经封闭,如乳房基底神经封闭。

(2)经乳头管注药,可用通乳针连接注射针筒直接注药。常用的药物有 3%硼酸液,0.1%～0.2%过氧化氢液,青霉素、链霉素、四环素、庆大霉素等抗生素,最好进行药敏试验。

(3)物理疗法,如乳房按摩,温热疗法、红外线和紫外线疗法等。乳头药浴,是防治隐性乳房炎的有效疗法。必要时可配合全身治疗,如肌肉注射青霉素、土霉素、磺胺二甲嘧啶等。

☞ *61.* 如何防治牛漏乳?

漏乳主要表现为乳房充涨时,乳汁自行滴下或射出,特别是在哺乳或挤奶前显著。多见于乳牛分娩前后。漏乳有先天性的,也有的与应激有关。对于轻度漏乳,可用手指捏住乳头尖端,轻轻捏揉按摩,每次 10～15 min。也可在乳头管周围注射适量的灭菌液状石蜡,机械性压迫乳头管;或在乳头管周围注射青霉素、高渗盐水或酒精,促使结缔组织增生,以压缩乳头管腔。奶牛每次挤奶后,擦干乳头,在火棉胶中浸一下,火棉胶在乳头尖端部形成帽状薄膜,能封闭乳头管口,以后挤奶前把此帽撕掉,有助于防止漏奶。上述方法效果不好时,可用橡胶圈箍住乳头,挤奶前摘下,挤奶后箍上。对因应激反应引起的漏奶,可肌肉注射维生素 B_1 1 000 mg,每天一次,连用 3～5 d。

☞ *62.* 如何诊治牛无乳或泌乳不足?

本病是指奶牛分娩后或在泌乳期中,由于内分泌功能紊乱,出现的无乳或泌乳量极少的一种现象。本病多发生于初产母牛或老龄牛。治疗可参考下列方法:

(1)要采用科学的停奶方法,加强干乳期的饲养管理,防止奶牛发生早产。

（2）治疗本病可肌肉注射催产素 50 U,或催乳素。

（3）对于怀孕牛可用中药方剂进行治疗或待干乳期恢复调整。

☞ *63.* 如何诊治牛乳房浮肿?

乳房浮肿也称乳房水肿,属于乳房的一种浆液性水肿,其特征是乳腺间质中出现过量的液体蓄积。一般表现为整个乳房肿胀,严重者可波及胸下、腹下、会阴等部位。乳房肿大,皮肤发红而光亮、无热、无痛,指压留痕。产乳量减少。主要发生在奶牛围产期,发生原因除了妊娠末期盆腔胎儿压力,造成静脉血流和淋巴液流出,乳房受到限制或淤积所致外,营养代谢也是不可忽视的原因。如产前给奶牛饲喂较多精料、围产期食入过量的钠和钾以及精料混合料中营养素缺乏(维生素 E、钙、铜、锌、锰)等。

治疗:大部分病牛产后可逐渐消肿。每日坚持 3 次按摩乳房,减少精料,适量限制饮水,加强运动,可促进病牛消肿。具体方法:

（1）每日肌肉注射速尿(呋喃苯胺酸)500 mg 或静脉注射 250 mg,连续 3 d。

（2）口服氢氯噻嗪,每日两次,每次 2.5 g,连续 1～2 d。

（3）每日口服氯地孕酮 1 g 或肌肉注射 40～300 mg,连续 3 d。

☞ *64.* 如何诊治牛奶眼过紧?

奶牛奶眼过紧指的是奶头管口过紧的一种病理现象,往往导致泌乳困难。治疗可参考下述方法:

（1）将火柴棍一段用手术刀削尖、削细,用水浸湿,蘸上高锰酸钾,包上一层薄薄的脱脂棉,塞入过紧的奶眼里,不要太深,剪掉外露的多余部分,每日一两次,连续 2～3 d。

（2）还可以用在液氮中浸泡冷却过的奶针，进行类似于上述方法的治疗。

☞ 65. 如何诊治牛血乳？

血乳，即乳房出血。是由各种不良因素作用于乳房，引起输乳管、腺泡及其周围组织血管破裂发生出血，血液进入乳汁，外观呈红色。以产后最初几天最为常见。根据乳呈红色，即可诊断。但应注意全身反应，并与感染性乳房出血鉴别。出血性乳房炎常发生在产后最初几天，主要由浆性或卡他性乳房炎引起，多见于半个或整个乳房红、肿、热、痛，炎性反应明显。乳房皮肤出现红色或紫红色斑点，乳汁稀薄如水，呈淡红色或深红色，内含凝血和凝乳块。全身反应严重，体温升高至 41℃，食欲减少或废绝，精神沉郁。

治疗：对机械性乳房出血，严禁按摩、热敷和涂刺激药物，保持乳房安静。饲喂时，应减少精饲料、多汁饲料，限制饮水，令其自然恢复。必要时，可用些止血药如止血敏、维生素 K 和抗生素等，肌肉注射。据报道，用 0.2％高锰酸钾溶液 300 mL，乳头内注入疗效好。为了防止挤奶后血液流出，可减少挤乳次数，每日只挤一次，当流血多时，应考虑输血、补充钙剂。

☞ 66. 如何治疗乳房创伤？

乳房皮肤被擦伤或刺伤，造成皮肤及皮下组织的撕裂创伤；或者是由于自我踩伤、顶伤以及踏伤造成的乳房浅部或深部的创伤。

轻度创可见浅表局部撕裂或踏、顶的伤口，深部创伤根据其创伤的部位与严重程度可见乳汁通过创口外流，或乳汁含有血液。深部创伤的愈合缓慢，排出乳汁困难，甚至引起乳头管狭窄。

治疗：按外科常规进行处理，同时采取预防乳房炎的措施。

☞ 67. 如何诊治酒精阳性乳?

酒精阳性乳,是指与同体积 68%～70%的酒精反应后呈颗粒状浑浊或絮状沉淀的牛乳。

(1)奶牛在发情期、妊娠后期、卵巢囊肿以及注射雌激素后引起内分泌失调而产生阳性乳者,可采取肌肉注射绒毛膜促性腺激素 1 000 U 或黄体酮 100 mg。

(2)改善乳腺功能,内服碘化钾 10～15 g 加水灌服。1 次/d,连用 5 d。2%硫酸脲嘧啶 20 mL,1 次肌肉注射。

(3)改善乳房内环境,可用 0.1%柠檬酸钠 50 mL,挤乳后注入乳房中,1～2 次/d;或 1%小苏打液 30 mL,挤乳后注入乳房中,1～2 次/d。

(4)恢复乳腺机能,用甲硫基脲嘧啶 20 mL,配合维生素 B_1 肌肉注射。

(5)调整机体代谢,解毒保肝,肌肉注射维生素 C,用以调节乳腺毛细血管的通透性。

(6)络合多余的钙离子,可用磷酸二氢钠 40～70 g/次,内服,1 次/d,连服 7～10 d。

(7)对症状轻微的患牛,采用 5%碳酸氢钠 500 mL 或 300 万 U 的土霉素静脉注射;用碘化钾 7 g,常水 100 mL 混合灌服,1 次/d,3～5 d 为一疗程。该方法简便易行,成本低廉,可收到良好的效果。

(8)奶牛酒精阳性乳的产生原因极其复杂,在预防和治疗酒精阳性乳时,要结合当地实际情况,充分考虑各种因素,进行综合分析,找出导致其发病的主要原因,采取有效的控制措施,才能减少疾病的发生,提高养殖的经济效益。

☞ 68. 牛创伤是如何发生的？如何治疗？

创伤是外力引起皮肤、黏膜和深部软组织的损伤,有伤口。致病原因很多,如钉子、铁丝刺入组织引起刺伤,镰刀、锄、玻璃引起切伤,牛角、木桩、牛栏上铁丝引起撕裂伤,斧头、砍刀引起砍伤,房屋、牛棚倒塌造成压创等。

新鲜创伤有破皮、肌肉损伤、出血和疼痛,创口多被尘土、粪、草等异物污染。化脓感染创,脓汁黏稠、淡绿色、黄绿色,呈奶油样流出,附于创面或在创口周围皮肤上形成痂皮。随着脓汁排出,在创内可见到淡粉色的新生肉芽形成。

对新鲜创,用 0.1% 高锰酸钾液、0.1% 雷佛奴尔反复冲洗伤口,除去创内异物,洗净后用湿消毒棉球擦干创口,然后撒布磺胺粉或呋喃西林粉,或碘仿磺胺粉。创口较小的,不必缝合;创口较大的,可在洗净、修整创缘后进行结节缝合,根据情况装上绷带。化脓感染创可用 0.1% 高锰酸钾液、3% 过氧化氢液冲洗创口,在创内撒布抗生素类药品。当创口化脓停止,肉芽形成后,可用磺胺鱼肝油乳剂、紫药水、松碘油膏涂布。当创口被厌氧菌感染,发生气性肿时,应及时扩创。

患牛体温升高,食欲废绝时,静脉注射 5% 葡萄糖 1 500 mL,5% 碳酸氢钠液 500 mL 和抗生素,防止发生败血症和酸中毒。

☞ 69. 临床如何鉴别血肿、脓肿、淋巴外渗？

血肿:临床特点是肿胀迅速增大,肿胀呈明显的波动感或饱满有弹性。4～5 d 后肿胀周围坚实,并有捻发音,中央部有波动,局部增温。穿刺时,可排出血液。有时可见局部淋巴结肿大和体温升高等全身症状。

脓肿:浅在性热性脓肿病初局部增温、疼痛,呈显著的弥漫性肿胀。以后肿胀的界限逐渐清晰,四周坚实,中央软化,触之有波动感,渐渐皮肤变薄,被毛脱落,最后破溃排脓。浅在性冷性脓肿一般发生缓慢,局部缺乏急性炎症的主要症状,即虽有明显的肿胀和波动感,但缺乏温热和疼痛反应或非常轻微。深在性脓肿局部肿胀常不明显,但患部皮肤和皮下组织有轻微的炎性肿胀,有疼痛反应,指压时有压痕,波动感不明显。

淋巴外渗:在临床上发生缓慢,一般于伤后 3~4 d 出现肿胀,并逐渐增大,有明显的界线,呈明显的波动感,皮肤不紧张,炎症反应轻微。穿刺液为橙黄色稍透明的液体,或其内混有少量的血液。时间较久,析出纤维素块,如囊壁有结缔组织增生,则呈明显的坚实感。

☞ 70．牛血肿是如何发生的？如何治疗？

血肿是当机体受到挫伤时,血管破裂,在组织间形成的血液团块。外伤后立即出现,并迅速增大,界线不清,局部不增温,有明显的波动和弹性,局部皮肤较为紧张。经 3~5 d 后,肿胀处变硬,触之出现捻发音,局部温度增高,淋巴结肿大。通常在发病 1 周内,肿胀中央可有明显波动,穿刺能抽出血液。大动脉受伤后,可形成搏动性血肿,听诊时可听到特殊的流水音。血肿被感染后,可形成脓肿。

病初患部剪毛,用 5％碘酊涂布,装压迫绷带以防血肿发展。小的血肿经一定时间可自行止血。对大的血肿,可用 10％氯化钙 150~200 mL,一次静脉注射;或 1％仙鹤草素注射液 20~50 mL,肌肉注射;或维生素 K 100~300 mg,肌肉注射。也可在发病后 4~5 d,在无菌条件下,进行手术切开,取出血凝块。对动脉性血肿,应切开,结扎出血的血管。对已感染的血肿,应迅速手术切开,进行开放治疗。

☞ 71. 牛的脓肿是如何发生的？如何治疗？

脓肿是指任何组织或器官内形成有脓肿膜包裹，内有脓汁潴留的局限性脓腔。常因治疗时将刺激性药物（如氯化钙等）不慎漏于血管外，或局部未消毒或未严格消毒，或手术器械消毒不严格，都可引起脓肿。此外，化脓菌从原发病灶转移至其他组织器官，可形成转移性脓肿。脓肿发生于皮下的，为浅表性脓肿，初期局部增温，疼痛，浅色皮肤潮红，肿胀界线不清；后期肿胀界线清楚，中央开始变软，触诊有波动感，有的皮肤变溥，被毛脱落，破溃后向外流出脓汁。深部组织中的脓肿，外表症状不明显，在此情况下可进行诊断性穿刺，以确诊。

病初用1％普鲁卡因青霉素液于肿胀周围封闭，促使肿胀消散。如果脓肿已出现，可用5％碘酊或10％～30％鱼石脂软膏于患部涂布，促其尽快成熟。脓肿成熟时，术部剪毛消毒，涂布5％碘酊，在波动明显的中央部位用灭菌针头穿刺，可放出或吸出脓汁；或选择脓肿波动最明显、位置最低的部位切开，排出脓汁，去除坏死组织，用0.1％高锰酸钾、3％双氧水冲洗脓腔，然后用消毒棉擦干，再用碘酊、碘甘油纱布填塞。以后定期换药，直到肉芽填充，愈合为止。

☞ 72. 如何治疗牛淋巴外渗？

较小的淋巴外渗，波动明显处用注射器抽出淋巴液，然后注入95％酒精或1％福尔马林酒精溶液（95％酒精 100 mL，福尔马林1 mL，碘酊数滴，混合备用），停留片刻后再将其抽出，打压迫绷带。较大的淋巴外渗，可行切开，排出淋巴液及纤维素，将浸有上述药液的纱布块填塞于腔内停留12～24 h，取出后创伤按第Ⅱ期愈合进行处理。

☞ 73. 何谓蜂窝组织炎?

在疏松结缔组织内发生的急性弥漫性化脓性感染称为蜂窝织炎。常发生在皮下、筋膜下、肌间或深部疏松结缔组织内,病变不易局限,扩散迅速,与正常组织无明显界限,以形成浆液性、化脓性和腐败性渗出液并伴有明显全身症状为特征。

☞ 74. 蜂窝组织炎的发病表现有哪些?

皮下蜂窝组织炎:常发于四肢(特别是后肢),病初局部出现弥漫性渐进性肿胀。触诊时热痛反应非常明显。初期肿胀呈捏粉状,有指压痕,后则变为稍坚实。局部皮肤紧张,无可动性。

筋膜下蜂窝组织炎:常发生于前肢的前臂筋膜下、背腰部的深筋膜下,以及后肢的小腿筋膜下和股阔筋膜下的疏松结缔组织中。其临床特征是患部热痛反应剧烈,机能障碍明显,患部组织呈坚实性炎性浸润。

肌间蜂窝组织炎:常继发于开放性骨折、化脓性骨髓炎、关节炎及腱鞘炎之后。有些是由皮下或筋膜下蜂窝组织炎蔓延的结果。肌间蜂窝组织炎时全身症状明显,体温升高,精神沉郁,食欲不振。局部已形成脓肿时,切开后可流出灰色、常带血样的脓汁。有时由化脓性溶解可引起关节周围炎、血栓性血管炎和神经炎。

☞ 75. 如何诊治蜂窝组织炎?

诊断:根据临床症状、发病部位、渗出液的性状和组织的病理学变化进行诊断。

治疗:减少炎性渗出,控制感染扩散,减轻组织内压,增强机体抗病力,改善全身状况。

(1)初期 24～48 h 内,组织炎症扩散而未化脓时,采用冷敷法使炎症局限化。局部外涂 10%鱼石脂酒精、90%酒精、醋酸铅明矾液、栀子浸液等。也可采用 0.5%盐酸普鲁卡因青霉素病灶周围封闭。当炎症基本平息(病后 3～4 d),可用上述溶液温敷。亦可外敷雄黄散,内服连翘散。

(2)手术切开:冷敷后炎性渗出不见减轻,组织出现增进性肿胀,病畜体温升高和其他症状都有明显恶化的趋向时,应立即进行手术切开。为了保证渗出液的顺利排出,切口必须有足够的长度和深度,做好纱布引流。四肢应作多处切口,最好是纵切或斜切。伤口止血后可用中性盐类高渗溶液作引流,以利于组织内渗出液的外流。

☞ 76. 常见的关节脱位临床症状有哪些?

关节骨端正常的位置关系,因受外力、病理性等因素作用,失去其原来状态,并伴有关节韧带、关节囊的牵张或断裂,称关节脱位,又称脱臼。关节脱位常突然发生,有的间歇发生或继发于某些疾病。本病多发生于牛的髋关节和膝关节。肩关节、肘关节、指(趾)关节也可发生。

关节变形:因构成关节的骨端位置改变,使正常的关节部位出现隆起或凹陷。

异常固定:因构成关节的骨端离开原来的位置被卡住,使相应的肌肉和韧带高度紧张,关节被固定不动或者活动不灵活,被动运动后又恢复异常的固定状态,带有弹拨性。

关节肿胀:由于关节的异常变化,造成关节周围组织受到破坏,因出血、形成血肿及比较剧烈的局部急性炎症反应,引起关节的肿胀。

肢势改变:呈现内收、外展、屈曲或者伸张的状态。

机能障碍:由于关节骨端变位和疼痛,患肢发生程度不同的运动障碍,甚至不能运动。伤后立即出现。

☞ 77．关节脱位的诊断要点和治疗原则是什么？

诊断:根据视诊、触诊、他动运动与双肢的比较做出初步诊断。当关节肿胀严重时,X线检查可以做出正确的诊断。同时,应当检查患肢体的感觉和脉搏等情况,尤其是骨折是否存在。

治疗原则:早期整复,确实固定,功能锻炼。

☞ 78．牛的骨折有什么特点？

肢体变形:骨折两断端因受伤时的外力、肌肉牵拉力和肢体重力的影响等,造成骨折段的移位。

异常活动:正常情况下,肢体完整而不活动的部位在骨折后负重或作被动运动时,出现屈曲、旋转等异常活动。

骨摩擦音:骨折两断端互相触碰,可听到骨摩擦音,或有骨摩擦感。

☞ 79．常见骨折的临床症状有哪些？诊断要点和治疗原则是什么？

除上述的特有症状以外,牛的骨折还有其他症状:出血与肿胀、疼痛、功能障碍,另外还会出现全身症状。轻度骨折一般全身症状不明显。严重的骨折伴有内出血、肢体肿胀或者内脏损伤时,可并发急性大失血和休克等一系列综合症状;闭合性骨折于损伤后2~3 d后,因组织破坏后分解产物和血肿的吸收,引起轻度体温上升。骨折部若继发细菌感染时,体温升高,局部疼痛加剧,食欲减退。

诊断要点:根据外伤史和局部症状,一般不难诊断。根据需要,可用X线检查、直肠检查、骨折传导音检查等方法作辅助诊断。非开放性诊断基于患肢不负重,肢发生偏离以及偏离处出现摩擦音。在开发性骨折,通过视诊便可大致做出诊断。

治疗原则:复位与固定和功能锻炼。

☞ 80. 常见骨折的治疗方法有哪些?

闭合性骨折的治疗:复位与固定:闭合复位与外固定在兽医临床中应用最广,适用于大部分四肢骨骨折。临床常用的外固定方法有:夹板绷带固定法、石膏绷带固定法。功能锻炼:功能锻炼包括早期按摩、对未固定关节作被动的伸屈活动、牵遛运动及定量使役等。

开放性骨折的治疗:新鲜而单纯的开放性骨折,要在良好的麻醉条件下,及时而彻底地做好清创术,对骨折端正确复位,创内撒布抗菌药物。创伤经过彻底处理后,对皮肤进行缝合或作部分缝合,尽可能使开放性骨折转化为闭合性骨折,装着夹板绷带或有窗石膏绷带暂时固定。在开放性骨折的治疗中,控制感染化脓十分重要,可用 2 倍常规剂量的敏感抗菌药物,使用 2 周以上。

骨折的药物疗法和物理疗法:为了加速骨痂形成,可在饲料中加喂骨粉、碳酸钙和增加青绿饲草等。幼畜骨折时可补充维生素 A、维生素 D 或鱼肝油。必要时可以静脉补充钙剂。

骨折愈合的后期常出现肌肉萎缩、关节僵硬、骨痂过大等后遗症。可进行局部按摩、搓擦,增强功能锻炼,同时配合物理疗法如石蜡疗法、温热疗法、直流电钙离子透入疗法、中波透热疗法及紫外线治疗等,以促使早日恢复功能。

☞ 81. 临床如何诊断牛的瘸腿病(跛行)?诊断须注意什么问题?

问诊:发病的场所如何?饲养管理,特别是护蹄情况如何?同群牛中是否发生很多相似的病例。

视诊:可分站立视诊、运步视诊和躺卧视诊。站立视诊时,观察应该是从蹄到肢的上部,或由肢的上部到蹄,从头到尾仔细地反复地观察比较,比较两前肢或两后肢同一部位有无异常。从牛的摆头运动可判断患肢,在运步时,头常摆向健侧。躺卧视诊非常重要,因为牛肢有病时,常常不站立而躺卧着。

四肢各部的系统检查:前肢从蹄(指)到系部、系关节、掌部、腕关节、前臂部、臂部及肘关节、肩胛部,后肢从蹄(趾)到系部、系关节、跗部、跗关节、胫部、膝关节、股部、髋部、腰荐尾部,进行细致的系统检查,通过触摸、压迫、滑擦、他动运动等手法找出异常的部位或痛点。系统检查时应与对侧同一部位反复对比。

诊断时应分清是症候性跛行,还是运动器官本身的疾病;分清是全身性因素引起的四肢疾病,还是局部病灶引起的机能障碍;分清是疼痛性疾病,还是机械障碍。

☞ 82. 如何诊治关节扭伤?

关节扭伤是关节韧带、关节囊和关节周围组织的非开放性损伤。

病因:多数由于道路泥泞不平,滑走、跌倒或误踏深坑,奔走失足,跳越闪扭等引起。常发生于球节、肩关节、膝关节和髋关节等处。

诊断:受伤当时出现轻重不一的跛行,站立时患肢屈曲或蹄尖着地,或完全不敢负重而提举。触诊患部有程度不同的热、肿、痛,仅关节侧韧带受伤时,于韧带的起止部出现明显的压痛点。患部被毛及皮肤常有逆乱、脱落或擦伤的痕迹。关节被动运动,使受伤韧带紧张时,出现疼痛反应;使受伤韧带弛缓时,则疼痛轻微。如果发现受伤关节的活动范围比正常时增大,则是关节韧带发生全断裂的现象。

治疗:

(1)制止溢血。于伤后 1~2 d 内,包扎压迫绷带或冷敷,必要时可注射止血药物,如 10% 氯化钙液、凝血质、维生素 K_3 等。

(2)促进吸收。急性炎症缓和后,应用温热疗法,如温敷、石蜡疗法、温蹄浴(40~50℃温水,每天 2 次,每次 1~2 h),能使溢血较快吸收。如关节腔内积聚多量血液不能吸收时,可进行关节腔穿刺,排出腔内血液,缠以压迫绷带,但须严格消毒,以防感染。

(3)镇痛消炎。可肌肉注射安乃近、安痛定;患部涂布醋调制的复方醋酸铅散或速效跌打膏;也可患部涂擦轻度皮肤刺激剂,如 10%樟脑酒精或碘酒樟脑酒精合剂(5%碘酒 20 mL,10% 樟脑酒精 80 mL);为了加速炎性渗出物的吸收,可适当进行缓慢的牵遛运动。

对重度扭挫有韧带、关节囊断裂或关节内骨折可疑时,应装石膏绷带。

炎症转为慢性时,可用碘樟脑醚合剂(碘片 20 g,95% 酒精 100 mL,醚 60 mL,精制樟脑 20 g,薄荷脑 3 g,蓖麻油 25 mL),涂擦患部 5~10 min,每天 1 次,连用 5~7 d。也可外敷扭伤散,内服跛行散。

☞ 83. 牛蹄叶炎的危害性大吗?

蹄叶炎为蹄真皮的弥散性、非化脓性炎症。本病多发生于青年牛及胎次较低牛,散发,也有群发现象。肉牛、奶牛都有发病。影响牛的生产性能,危害很大。

☞ 84. 发生蹄叶炎有哪些临床症状?

急性蹄叶炎:病牛体温升高,呼吸加快,脉搏加快,血压降低,食欲减退。患牛不愿站立,常长时间躺卧,早期可见明显出汗和肌肉颤抖。病牛运步困难,喜欢在软地上行走,对硬地躲避。站立时,弓背,四肢集于腹下,头颈伸直,尾稍抬高。两前蹄发病时,可见两前蹄交叉负重;两后蹄发病时,头低下,两前肢后踏,两后肢前伸;四蹄发病时,四肢频频交替负重。局部可见患肢的静脉扩张,蹄冠的皮肤发红,蹄温高。蹄底角质脱色,变为黄色,有不同程度的出血,不及时治疗可转慢性。

慢性蹄叶炎:临床症状比急性轻,没有全身症状,但可引起不同程度的跛行。患牛站立时以蹄球部负重。时间较长后,全身状态变坏,出现蹄变形,蹄延长,蹄前壁和蹄底形成锐角。由于角质生长紊乱,出现异常蹄轮。由于蹄骨下沉、蹄底角质变薄。

☞ 85. 蹄叶炎的诊断要点和治疗原则是什么?

诊断要点:观察病牛姿势和步态,触诊蹄部温度及指(趾)动脉,检查蹄尖及蹄底前部对检蹄器压迫的敏感性可对急性蹄叶炎做出诊断。慢性蹄叶炎表现典型的姿势、步态,多肢的慢性或间歇性跛行病史,产奶量下降,病牛消瘦,躺卧时间过长。

治疗原则:消除病因,解除疼痛,校正血液循环,防止蹄骨转位和促使角质的再生。

☞ 86. 如何有针对性地治疗蹄叶炎?

为使扩张的血管收缩,减少渗出,可采用蹄部冷浴。0.25%普鲁卡因 1 000 mL,静脉注射;缓解疼痛,可用 1%普鲁卡因 20～30 mL 指(趾)间封闭;放血疗法,成年牛放血 1 000～2 000 mL。放血后静脉注射 5%～7%碳酸氢钠 500～1 000 mL、5%～10%葡萄糖注射液 500～1 000 mL。也可用 10%水杨酸钠注射液 100 mL、20%葡萄糖酸钙注射液 500 mL,静脉注射;保护蹄角质,合理修蹄,促进蹄机能的恢复;加强饲养管理,严格控制精饲料的饲喂量。

☞ 87. 牛腐蹄病是如何发生的？有何临床表现？

该病是指发生于蹄间的腐败性皮肤炎症。特征是患蹄局部腐败、恶臭、剧烈疼痛。一般以舍饲牛和乳牛发生较多。多因厩舍泥泞不洁，运动场积粪、积尿未及时清理，有砖、瓦碎片等尖锐物，当牛蹄被刺伤，或蹄角质变软，蹄冠和蹄壁有裂缝时，都可被各种腐败菌侵入感染而发病，营养不良及平时护蹄不当，均可促发本病。

该病可分为急性和慢性两种病型。

（1）急性型：为一肢或数肢突发跛行，患部皮肤潮红、肿胀、疼痛，频频举肢。严重时，蹄球、蹄冠发生化脓、腐烂，流出恶臭脓性液体。病牛体温升高，达 40～41℃，精神沉郁，食欲不振，产乳量下降。后期蹄匣角质脱落，多继发骨、腱、韧带的坏死，严重者可致蹄匣脱落。

（2）慢性型：病程较长，可达数月，炎症由蹄部向深部组织及周围组织蔓延时，可引起患肢部粗大，皮肤被毛脱落，有时可在蹄冠、蹄球等部位形成瘘管，患牛高度跛行，有时可继发败血症而死亡。检查蹄部，病初可见患蹄趾间皮肤红肿、温热。后期，蹄底部出现大小不一的腐败孔洞，周围坏死组织呈污灰色或黑褐色，孔洞流出恶臭液体。有的在削蹄后可发现蹄底角质腐烂，从腐败形成的孔洞中流出污黑恶臭的液体。

☞ 88. 如何防治牛腐蹄病？

预防：平时要注意蹄部的护理和修整，保持厩舍、运动场的清洁干燥，清除各种尖锐物，必要时可设消毒槽，槽中放入 1%～3% 硫酸铜溶液。对病牛隔离饲养，彻底消毒污染场所，可有效减少发病。

治疗：除去坏死组织，彻底消毒，修削坏蹄，扩大蹄底腐败孔，排尽孔内渗出液，彻底挖除腐败坏死组织，须挖到流出鲜血为止。然后应用饱和硫酸铜或 5％碘酊消毒,再撒布高锰酸钾粉、硫酸铜粉末。在清创后,于患部撒布青霉素鱼肝油乳剂(青霉素 20 万 U 溶于 5 mL 蒸馏水中,再加 50 mL 鱼肝油,混合),或磺胺粉。深部腐烂者,在彻底挖除坏死组织后,可用松馏油纱布堵塞,外系蹄绷带,1～2 周更换绷带一次,到孔口愈合。病情严重者,可结合全身抗生素或磺胺类药物治疗。

☞ 89. 奶牛趾间腐烂的临床表现有哪些?如何诊治?

该病是指奶牛蹄趾间表皮或真皮的化脓性或增生性炎症。通过蹄部检查可以发现蹄趾间皮肤充血、发红肿胀、糜烂。有的蹄趾间腐肉增生,呈暗红色,突于蹄趾间沟内,质度坚硬,极易出血,蹄冠部肿胀,呈红色。病牛跛行,以蹄尖着地。站立时,患肢负重不实,有的以患部频频打地或蹭腹。犊牛、育成牛和成年奶牛都有发生,但以成年牛多见。

诊断要点:根据临床症状及蹄部检查即可确诊。

治疗原则:根据严重程度,可施行局部治疗、全身治疗或二者相结合。

治疗具体操作:以 10％～30％硫酸铜溶液,或 10％来苏儿水洗净患蹄,涂以 10％碘酊,用松馏油或鱼石脂涂布于蹄趾间部,装蹄绷带。如蹄趾间有增生物,可用外科法除去,或以硫酸铜粉、高锰酸钾粉撒于增生物上,装蹄绷带,隔 2～3 d 换药 1 次,常于治疗 2～3 次后痊愈,也可用烧烙法将增生肉烙去。

☞ 90. 牛化脓性蹄真皮炎是怎么发生的?如何诊治?

病因:管理不善,日粮中矿物质钙、磷不平衡,牛舍阴暗潮湿,运动场泥泞,粪便不及时清除,牛蹄长时间被粪、尿、泥水浸渍,修蹄不定期,造成蹄底角质过度磨灭、蹄底角质过薄或过软、蹄变形、蹄软化。

各种异物造成蹄的刺伤、挫伤或偶发伤,真皮发炎,并继发坏死杆菌、化脓性棒状杆菌、链球菌、结节状梭菌等细菌的感染,引起化脓性蹄真皮炎。其特征是真皮坏死与化脓。

症状:蹄冠部出现肿胀,重者肿胀可延伸到球节,呈一致性肿胀,关节僵直,蹄部发热,指(趾)动脉亢进,有重度跛行。一肢的两个指(趾)很少同时发病。脓汁可从形成的窦道或邻近感染的进入部位排出,但有时这些开口被肉芽组织封闭,脓汁排不出,则顺组织向上蔓延,向周围扩散。这时病牛全身症状加剧,体温升高,食欲减退,产乳量下降,常卧地不起,消瘦,治疗困难。

诊断:根据临床症状及蹄部检查即可确诊。

治疗原则:改善饲养条件,对症治疗。

☞ *91.* 化脓性蹄真皮炎的具体治疗如何操作?

已化脓时,必须扩开角质,排出渗出物或脓汁,清洗,灌注碘仿醚或其他药剂,用消毒纱布和脱脂棉包扎。

当病牛体温升高,全身症状严重时,可应用磺胺药和抗生素治疗。磺胺二甲基嘧啶,按 0.12 g/kg 体重,1 次静脉注射或磺胺嘧啶按 50～70 mg/kg 体重,静脉或肌肉注射,每天 2 次,连用 3 d;注射破伤风血清,金霉素或四环素按 0.01 g/kg 体重,1 次静脉注射。两趾间钻洞用金属丝固定在一起,在健趾下粘一木块,以减少患趾负重,有助于康复;同时也可用中草药外敷和内服。外敷可用活血化瘀散:当归、栀子、红花、黄柏、白芷各 15 g,桃仁、肉桂各 6 g。共为细末,用 3% 樟脑酒精适量,调成糊状,敷患处,每日一次,涂前局部剪毛。内服可用解毒消黄散:银花、蒲公英、地丁、连翘、花粉各 30 g,当归 24 g,山甲珠、防风、荆芥、赤芍、红花各 15 g,甘草 12 g,共为细末,水煎候温灌服。

为了解除酸中毒,可用 5% 葡萄糖生理盐水 1 000～1 500 mL、5% 碳酸氢钠 500～800 mL、25% 葡萄糖液 500 mL、维生素 C 5 g,静脉注射,每天1~2次。

☞ *92.* 如何防治蹄变形?

蹄变形,又称变形蹄。是指蹄的形状发生外观改变而不同于正常蹄形。为奶牛一种常见病。其发生特点是高产牛、年老牛发病多;后蹄多于前蹄。

病因:日粮配合不平衡,矿物质饲料钙、磷供应不足或比例不当,精粗比例不当。管理不当,厩舍阴暗、潮湿,运动场泥泞,粪、尿不及时清扫,牛蹄长期于粪尿、泥水中浸渍,致使蹄角质变软。不重视保护牛蹄,不定期修整牛蹄。与遗传有关,公牛蹄变形能影响后代,易引起后代蹄变形。

诊断:蹄变形牛,全身变化不明显,精神、食欲正常,严重蹄变形,常会引起肢姿改变,两后肢呈"X"状,弓背,行走不便;变形蹄易引发蹄病,常见蹄糜烂,冠关节炎,球关节化脓等,奶牛食欲减退,产乳量下降,卧地不起。临床上多见长蹄、宽蹄和翻卷蹄。

防治:加强饲养管理,饲料品质要好,搭配合理,充分重视钙、磷比例;运动场应保持清洁干燥,及时清除粪便;严禁单纯为追求高产而片面加喂精饲料的现象,对已见有蹄变形的高产奶牛,日粮中可加钙粉50 g,长期饲喂,同时肌肉注射维生素 D_3 10 000 IU,每日一次,连续注射 7~10 d;加强选育,对公牛后代蹄形要普查,凡蹄变形的公牛或后代蹄变形多的公牛,可不用其精液;严格执行蹄卫生保健制度,定期修蹄,防止蹄变形加重。

☞ *93.* 牛肩胛上神经麻痹是如何发生的? 症状有哪些?

由于蹬空、滑倒、肩胛骨骨折,也可见于邻近炎症的蔓延、肿胀、异物等的压迫,引起肩胛上神经挫伤、牵张和断裂、挤压及创伤,从而使该神经麻痹。

症状:站立时肘关节高度向外突出,肩关节外偏,胸前出现凹陷,同时肘关节明显向外支出,表现明显支跛。运动前进时,患肢提举无任何障碍,当患肢着地负重时,表现明显支跛。如在泥泞地或以患肢为中心做圆周运动时,跛行程度加重。病后 1～2 周,麻痹的冈上肌、冈下肌迅速发生萎缩。

☞ 94. 如何诊治肩胛上神经麻痹?

诊断要点:运动机能障碍,感觉机能障碍,冈上肌、冈下肌萎缩。

治疗原则:除去病因,恢复机能,促进再生,防止感染、瘢痕形成及肌肉萎缩。

治疗方法:兴奋神经,可应用电针疗法;促进机能恢复,提高肌肉的紧张力和促进血液循环,可进行按摩疗法,病初每天两次,每次 15～20 min。在按摩后配合涂擦刺激剂,如 10% 樟脑酒精、四三一合剂。同时配合使用维生素 B_1、维生素 B_{12} 等;防止瘢痕形成和组织粘连,可在局部应用透明质酸酶、链激酶或链道酶。透明质酸酶 2～4 mL,神经鞘外一次注射。链激酶 10 万 IU、链道酶 2.5 万 IU,溶于 10～50 mL 灭菌蒸馏水中,神经鞘外一次注射。必要时,24 h 后可再注射;预防肌肉萎缩,可试用低频脉冲电疗、感应电疗、红外线刺激麻痹的肌肉。

☞ 95. 牛风湿症是怎样发生的?

病因目前尚未清楚,一般认为风湿病是一种变态反应性疾病,并与溶血性链球菌感染有关。风湿病的发生要有下列 4 个条件:

(1)A 型溶血性链球菌感染;

(2)病原菌持续存在或反复感染;

（3）机体对链球菌存在易感性；

（4）感染在上呼吸道。

此外，风、寒、潮湿、过劳等因素在风湿病的发生上起着重要的作用，如畜舍潮湿，阴冷，大汗后冷雨浇淋，受贼风特别是穿堂风的侵袭，夜卧于寒湿之地或露宿于风雪之中，以及管理使役不当等都是容易发生风湿病的诱因。

☞ *96.* 风湿症的分类和症状有哪些？如何诊治？

根据发病的组织和器官的不同分为：①肌肉风湿病（风湿性肌炎）：主要发生于活动性较大的肌群，如肩臂肌群、背腰肌群、臀肌群、股后肌群及颈肌群等。其特征是急性经过时则发生浆液性或纤维素性炎症，炎性渗出物积聚于肌肉结缔组织中。而慢性经过时则出现慢性间质性肌炎。②关节风湿病（风湿性关节炎）：最常发生于活动性较大的关节，如肩关节、肘关节、髋关节和膝关节等。脊柱关节（颈、腰部）也有发生。常对称关节同时发病，有游走性。本病的特征是急性期呈现风湿性关节滑膜炎的症状。③心脏风湿病（风湿性心肌炎）：主要表现为心内膜炎的症状。第一心音及第二心音增强，有时出现期外收缩性杂音。

根据发病部位的不同分为：①颈风湿病：主要为急性或慢性风湿性肌炎，有时也可能累及颈部关节。②肩臂风湿病（前肢风湿）：主要为肩臂肌群的急性或慢性风湿性炎症。有时亦可波及肩、肘关节。③背腰风湿病：主要为背最长肌、髂肋肌的急性或慢性风湿性炎症，有时也波及腰肌及背腰关节。④臀股风湿病（后肢风湿）：病程常侵害臀肌群和股后肌群，有时也波及髋关节。

根据病理过程的经过为：①急性风湿病：发生急剧，疼痛及机能障碍明显；②慢性风湿病：病程拖延较长，可达数周或数月之久。

诊断要点：根据病史和临床表现加以诊断，必要时可进行一些辅助诊断。

治疗原则:消除病因、祛风除湿、解热镇痛、消除炎症。加强护理,改善饲养管理。

☞97. 风湿症的治疗用药应注意什么?

应用解热、镇痛及抗风湿药:以水杨酸类药物的抗风湿作用最强。应用大剂量的水杨酸制剂治疗风湿病,特别是急性肌肉风湿病疗效较高,而对慢性风湿病则疗效较差。

应用皮质激素类药物:它们有显著消炎和抗变态反应的作用,能明显地改善风湿性关节炎的症状,但容易复发。临床上常用的有:醋酸考的松注射液、氢化考的松注射液、地塞米松注射液等。

抗生素控制链球菌感染:首选青霉素,肌肉注射每天 2～3 次,一般应用 10～14 d。

局部涂擦刺激剂:局部可用水杨酸甲酯软膏(水杨酸甲酯 15 g、松节油 5 mL、薄荷脑 7 g、白色凡士林 15 g),水杨酸甲酯莨菪油擦剂(水杨酸甲酯 25 g、樟脑油 25 mL、莨菪油 25 mL),亦可局部涂擦樟脑酒精及氨擦剂等。

应用碳酸氢钠、水杨酸钠和自家血液疗法:对急性肌肉风湿病疗效显著,对慢性风湿病可获得一定的好转。

中医疗法:针灸治疗风湿病有一定的治疗效果,中药方剂有通经活络散和独活寄生散。

物理疗法:物理疗法对风湿病,特别是慢性经过者有较好的治疗效果。

☞98. 荨麻疹的临床表现有哪些? 如何诊治?

荨麻疹又名风团或风疹块,是一种过敏性皮肤疾病,其特征是皮肤表面出现多处风疹块,并伴有皮肤瘙痒。此病发病率不高,常散发。

多无先兆,皮肤上突然出现疹块,呈扁平或半球形,红色或淡红色,蚕豆大乃至核桃大不等,界线明显,质地柔软,被毛直立,在短期内蔓延全身。有的于疹块的顶端发生浆液性水疱,逐渐破溃乃至结痂。病初多发生于头、颈部两侧、肩、背、胸壁和臀部,尔后扩展到四肢下端及乳房等处。有的病牛在眼睑、唇、外阴或肛门等处出现明显肿胀。病畜精神沉郁,食欲减退,皮肤瘙痒而摩擦、啃咬,常有擦破和脱毛现象。随着疹块的增多,病牛往往伴有颤抖,呼吸促迫,流涎,轻度腹泻等症状。

诊断要点:根据病史和临床症状。

治疗原则:消除致敏因素,缓解过敏反应,局部疗法。

☞ *99.* 如何治疗荨麻疹?

消除致敏因素:针对发病原因,尽早排除,如为霉败或有毒饲料引起,及时更换饲料,同时灌服硫酸镁或硫酸钠 300 g,鱼石脂 30 g,酒精 100 mL。

缓解过敏反应:

(1)奇痒不安者:盐酸苯海拉明 0.1~0.5 g,肌肉注射。盐酸异丙嗪 0.25~0.5 g,肌肉注射。扑尔敏 60~100 mg,肌肉注射。地塞米松 5~20 mg,肌肉注射。盐酸苯海拉明 0.1~0.5 g,肌肉注射。

(2)防止血管渗出:0.1% 肾上腺素 2~5 mL,皮下注射。硫酸异丙肾上腺素 1~4 mg,加入葡萄糖生理盐水 500 mL 中,静脉注射。

局部疗法:冷水洗涤皮肤,1% 醋酸和 2% 酒精涂擦,也可用水杨酸酒精合剂(水杨酸 0.5 g,甘油 250 mL,石炭酸 2 mL,酒精 50 mL)或止痒合剂(薄荷 1 g,石炭酸 2 mL,水杨酸 2 g,甘油 5 mL,加 70% 酒精至 100 mL)。

另外,还有自家血疗法和中药疗法。

六、奶牛中毒病

☞ *1.* 牛有机磷农药中毒是如何发生的？有何临床表现？

该病主要是因牛采食了喷洒有机磷杀虫的农作物、牧草和青菜，或误食了拌过有机磷杀虫剂的种子，或用敌百虫、乐果等防治吸血昆虫和驱除体内寄生虫时，用量过大或使用方法不当所致。

中毒后，牛狂暴不安，可视黏膜淡染或发绀。流口水，流泪，鼻液增多，反刍、嗳气停止。瘤胃鼓气，腹痛，呻吟，磨牙，不时排泄软稀便、水样便，粪便中混有黏液和血液。尿频，出汗，呼吸困难。瞳孔缩小，视力减退或丧失，眼睑、面部肌肉及全身发生震颤，最后从头到全身发生强直性痉挛，步态强拘，共济失调。病后期体温升高，惊厥，昏迷，大出汗，心跳加快，呼吸肌麻痹，死于心力衰竭。

☞ *2.* 如何防治牛有机磷中毒？

如经皮肤沾染中毒，尽快应用1%肥皂水或4%碳酸氢钠液（敌百虫中毒除外）洗涤体表，对误饮或误食有机磷杀虫剂的患牛，用2%～3%碳酸氢钠液或生理盐水洗胃，并灌服活性炭。用解磷定20～50 mg/kg 体重静脉注射；同时用阿托品0.5 mg/kg 体重，以总剂量的1/4溶于5% 糖盐水中，静脉注射，其余的剂量分别肌肉和皮下注射，经1～2 h后症状未减轻时，可减量重复应用。此后应每隔3～4 h 皮下或肌肉注射一般剂量的阿托品。还可用双解磷，首次用量为3～6 g，溶于适量5% 葡萄糖或生理盐水中，静脉或肌肉注射，以后每隔2 h 用药一次,但剂量减半。在应用特效解毒药的同时或其后,采取对症治疗。

预防:用农药处理过的种子和配好的农药溶液不得随便乱放,配制及喷洒农药的器具要妥善保管;喷洒农药最好在早晚无风时进行;喷洒过农药的地方,1个月内禁止放牧或割草;不滥用农药来驱杀牛体表寄生虫。

☞3. 牛有机氟化物中毒是如何发生的? 有何临床表现?

该病是由于氟乙酰胺、氟乙酸钠、甘氟等农药保管或使用不当,污染了饲草和饮水,被牛误食或误饮,或有机氟化物的毒鼠食饵放置不当,被牛误食所致。

急性中毒时,牛突然惊恐不安,尖叫,有的狂奔乱跑,全身震颤,或出现抽搐,角弓反张,逐渐转变为间歇性发作。呼吸加快,达90次/min;心跳加快,达120次/min,腹痛,腹泻。严重的,在几分钟内死亡;慢性中毒时,嗜睡,卧地不动。食欲废绝,反刍停止,心律不齐,脉搏细弱而快,四肢无力,呻吟,磨牙,排粪停止。在间歇性痉挛反复发生的过程中,病牛口吐白沫,瞳孔散大而死亡。

☞4. 如何治疗牛有机氟化物中毒?

用解氟灵,0.19 g/kg体重溶于0.5%普鲁卡因溶液中,首次用时达每天用量的1/2,肌肉注射3～4次,直到全身震颤现象停止。再出现震颤时,可重复用药。也可用二醇乙酸酯(酯精)100 mL,溶于500 mL常水中饮服。还可用75%酒精100～200 mL,或75%酒精与5%醋酸等量混合液1 000～1 200 mL,1次灌服。用0.5%高锰酸钾或石灰水洗胃,然后投服4%氢氧化铝凝胶250～500 mL。镇静可用氯丙嗪注射液,肌肉注射。呼吸困难时,可用25%尼可刹米注射液

10～20 mL，静脉或肌肉注射。防止酸中毒，用5％碳酸氢钠500～
1 000 mL，静脉注射，每日2次。解除痉挛发作，可用10％葡萄糖酸钙
注射液500～1 000 mL，静脉注射。辅助治疗应用三磷酸腺苷二钠、辅
酶A等能量合剂，可收到理想的效果。

☞ 5. 牛慢性氟中毒是如何发生的？有何临床表现？

该病又称氟病，是由于牛长期连续摄入超过安全限量的少量无机
氟引起的一种以骨、牙病变为特征的中毒病。常呈地方性群发。主要
原因是工业氟污染、地方性高氟和长期饲喂未经脱氟的矿物质添
加剂。

患牛牙齿上有淡黄黑斑点、斑块及大面积黄色及黑色锈斑。门齿
松动，排列不齐，高度磨损，臼齿呈波状磨损或脱落。头部肿大，下颌
骨肿胀。四肢变形、肿胀，尾骨扭曲，第1～4尾椎骨软化或被吸收消
失，腰荐部凹陷，坐骨及髋关节肿大，向外突出。病牛弓背，运步强拘，
常卧地不起。病初采食量大减，反刍和瘤胃蠕动减少，便秘或下痢。
时间久则被毛无光泽，皮肤弹性减退，产奶量下降。

☞ 6. 如何防治牛慢性氟中毒？

治疗：可用20％葡萄糖酸钙和25％葡萄糖注射液各500 mL，静脉
注射，每天1～2次，连用5～7 d为一疗程。用硫酸铝30 g，与饲料混
合后饲喂，每天一次，连用数日，以中和消化道中残留氟。

预防：主要是脱离高氟污染的环境；避免含氟工业"三废"污染饲
料和饮用水源；饲料中适当补充钙质以增加机体的抵抗力。

☞ 7. 牛砷中毒是如何发生的? 有何临床表现?

可引起牛中毒的砷剂有路易氏气毒剂和作为杀虫剂或灭鼠剂的含砷农药。后者常用的有 10 多种,按期毒性大小分为 3 类:

剧毒类:三氧化二砷(砒霜)、亚砷酸钠和砷酸钙。

强毒类:砷酸铅、退菌特。

低毒类:巴黎绿(乙酰亚砷酸铜)、甲基硫胂(苏化 911,苏阿仁)、四基胂酸钙(稻定)、胂铁铵和甲胂钠等。

此外,砷化物常作为药用,如九一四、雄黄等。

引起牛砷中毒的原因:误食了含有这些农药、毒药的种子、青草、蔬菜、农作物或毒饵;应用砷制剂治疗方法不当或剂量过大等。

急性中毒时,流口水,腹痛,腹泻,粪便混有黏液、血液等,恶臭。食欲废绝,饮欲增加,尿血。脉搏细弱,呼吸急迫。后期常有肌肉震颤、运动失调,瞳孔散大,最后昏迷死亡。

慢性中毒时,病牛精神沉郁,食欲减退,营养不良,被毛粗乱,缺乏光泽,容易脱毛,眼睑水肿,口腔黏膜红肿。持续腹泻,久治不愈。

☞ 8. 如何防治牛砷中毒?

治疗:一旦发现牛砷中毒,及时用 5‰二巯基丙磺酸钠液按 5～8 mg/kg 体重,肌肉或静脉注射,第一天 3～4 次,第二天 2～3 次,第三至七天 1～2 次,1 周为一疗程。停药数日后,可再进行下一疗程。也可用 5‰～10‰二巯基丁二酸钠液,20 mg/kg 体重,静脉缓慢注射,每天 3～4 次,连续 3～5 d 为一疗程,停药几天后,再进行下一疗程。还可用 10‰二巯基丙醇液,首次 5 mg/kg 体重,肌肉注射,以后每隔 4～6 h 注射 1 次,剂量减半,直到痊愈。为防止毒物吸收,用 2‰氧化镁反复洗胃,接着灌服牛奶或鸡蛋清水 2～3 kg,或硫代硫酸钠 25～

50 g 灌服,稍后再灌服缓泻剂。同时,进行补液、强心、保肝、利尿等对症治疗。

预防:严格毒物保管,防止含砷农药污染饲料或饮水,并避免牛误食。应用砷剂进行治疗时,要严格控制剂量,外用时防止牛舔吮。喷洒含砷农药的农作物或牧草,至少 30 d 内禁止饲用。

☞ 9. 如何防治除草剂中毒?

除草剂中毒一般无特效解毒药,可采取强心、补液、稀释毒剂浓度等缓解临床症状的支持疗法。

(1)25%硫酸镁 100 mL,5%葡萄糖 500 mL,一次缓慢颈静脉滴注。

(2)5%葡萄糖 300 mL,10%安钠咖 50 mL,维生素 C 100 mL,一次腹下静脉滴注。

(3)25%葡萄糖 1 000 mL,地塞米松 40 mg,一次颈静脉滴注。

(4)0.9%氯化钠 100 mL,腹下静脉滴注。

预防:平时应加强管理,一旦出现中毒症状,应立即请当地兽医诊治,同时应积极配合兽医寻找误饮误食物源,迅速查找中毒原因,以便确诊,立即采取对症或特效解毒药物治疗。

☞ 10. 牛亚硝酸盐中毒是如何发生的? 有何临床表现?

该病是富含硝酸盐的饲料在饲喂前的调制中或采食后的瘤胃内产生大量亚硝酸盐,造成高铁血红蛋白血症,导致组织缺氧而引起的中毒。富含硝酸盐的饲料有燕麦草、苜蓿、甜菜叶、包心菜、白菜、野苋菜、菠菜、大麦、黑麦、燕麦、高粱、玉米等。

凡是连续几天或更长时间饲喂富含硝酸盐饲草和饲料的牛,多数在无任何征兆的情况下突然发病,精神沉郁,茫然呆立,不爱走动,运动时步态不稳。反刍停止,瘤胃鼓气。流涎、磨牙、呻吟、腹痛、腹泻。重症者,全身肌肉震颤,四肢无力,卧地不起,体温降低,呼吸浅表、促迫。心跳加快,脉搏 170 次/min 以上。颈静脉怒张,可视黏膜发绀,乳房和乳头淡紫或苍白,孕牛多发生流产。发生虚脱后 1~2 h 内死亡。

☞ 11. 如何防治牛亚硝酸盐中毒?

治疗:立即用 1%美蓝(亚甲蓝)液,按 20 mg/kg 体重静脉注射。也可用 5%甲苯胺蓝液,按 5 mg/kg 体重静脉或肌肉注射;或用 5%维生素 C 液 60~100 mL,静脉注射。此外,还可用尼可刹米、樟脑油等药物进行对症治疗,瘤胃内投入大量抗生素和大量饮水,可阻止细菌对硝酸盐的还原作用。

预防:在种植饲草或饲料的土地上,限制施用家畜的粪尿和氮肥。严格控制饲喂含有硝酸盐的饲草和饲料,或只饲喂硝酸盐含量低的作物或谷实部分。病牛或体质虚弱犊应禁止喂这类饲草、饲料。给奶牛饲喂富含碳水化合物成分的饲料,并添加碘盐和维生素 A、维生素 D 制剂。也可用四环素饲料添加剂,按 30~40 mg/kg 体重,或金霉素饲料添加剂,按 22 mg/kg 体重添加于饲料中,可在两周内有效地控制硝酸盐转化成亚硝酸盐的速度。

☞ 12. 牛氢氰酸中毒是如何发生的? 有何临床表现?

该病是由于采食饲喂含有氰苷配糖体植物和青饲料(如桃、李、梅、杏、枇杷、樱桃等植物的茎、嫩叶、种子,亚麻叶、亚麻籽、亚麻饼,尤其是与奶牛饲养关系密切的苏丹草、红三叶草、高粱苗、玉米苗等)所致。另外,上述植物遭霜冻后,可释放出游离的氢氰酸,牛采食后可发生中毒。此外,误食氰化钾、氰化钠、钙腈酰胺等氰化物农药,也可引起氢氰酸中毒。

牛在采食中或采食后半小时左右突然发病,表现瘤胃鼓气,口角流出大量白色泡沫的口水。可视黏膜鲜红色,血液鲜红,呼吸极度困难,抬头伸颈,张口喘息,呼出气有苦杏仁味。体温正常或低下。以后则精神沉郁,全身衰弱无力,卧地不起。结膜发绀,血液暗红。瞳孔散大,眼球和肌肉震颤,反射机能减弱,迅速窒息而死亡。

☞ *13.* 如何防治牛氢氰酸中毒?

治疗:应立即用亚硝酸钠 3 g、硫代硫酸钠 20~30 g,溶解在 300 mL 灭菌蒸馏水中,一次静脉注射,必要时可重复注射。在抢救氢氰酸中毒时,最好先静脉注射 1‰亚硝酸钠液,经 2~3 min 后,再静脉注射 10‰硫代硫酸钠液。如无亚硝酸盐,可用美蓝液代替。为阻止胃肠内氢氰酸的吸收,可内服或瘤胃内注入硫代硫酸钠 30 g,也可用 0.1‰高锰酸钾液洗胃。

预防:要禁用高粱幼苗和玉米幼苗喂牛,对怀疑含有氰苷配糖体的青嫩草或饲料,应经过流水浸渍 24 h 以上再喂。如用亚麻籽饼作饲料时,必须彻底煮沸,且喂量不宜过多。防止误食氰化物农药。

☞ *14.* 牛豆谷中毒是如何发生的? 有何临床表现?

该病是由于一次吃入大量豆类饲料引起的中毒。主要因牛过量食入精料,如偷食,或一次或连续多次给牛饲喂大量豆谷,均可导致本病发生。一般吃入谷类饲料 12 h 后、吃入豆类饲料 48~72 h 后发病。

初期,食欲减退或废绝,反刍减少或停止,有时在反刍时,可见到反刍物中混有豆谷。直肠检查,可触及瘤胃壁上颗粒状突起,其粪便中常混有未消化的豆谷粒。瘤胃触诊,感觉充盈、坚实。多可继发瘤胃鼓气。有的病牛发生腹泻。多可出现视力障碍,患牛盲目直走或转圈。病情严重者则狂躁不安,暴进暴退,或头抵墙壁,有时冲击人、畜,不易控制;有的病牛则精神沉郁,嗜睡,卧地不起。末期,病牛明显脱水,眼球下陷,皮肤弹性降低,血液浓稠,排尿减少,色深,呼吸加快,脉搏快而弱。如治疗不及时可很快死亡。

☞ *15* . **如何防治牛豆谷中毒?**

预防:严禁牛偷吃谷物,不要突然给予大量精料。

治疗:主要是采取排除豆谷,对症治疗。早期(在谷物未膨胀前)灌食油(液状石蜡)500 mL,以防谷物迅速膨胀。在牛尚未出现中毒症状前,排除牛吃入的豆谷,多可很快恢复。对已出现中毒症状的病牛,要及时清除瘤胃内的豆谷,同时要解除病牛的脱水和酸中毒。对病牛瘤胃内的大量豆谷,可通过洗胃排除,必要时可做瘤胃切开术取出豆谷。补液,可用5%糖盐水,每天4 000~8 000 mL,分2~3次静脉注射。纠正酸中毒,可内服碳酸氢钠100~200 g,或静脉注射5%碳酸氢钠500~800 mL。神经兴奋症状明显的,可肌肉注射氯丙嗪注射液10~20 mL。

☞ *16* . **如何防治棉籽饼中毒?**

预防:限制喂量。每天不超过1~1.5 kg,且喂半月停半月,以免引起蓄积性中毒;加热减毒处理。生棉籽饼、皮等应炒了再喂或加热蒸煮1 h后再喂;加铁去毒。铁与棉酚结合成不被吸收的复合物。用0.1%~0.2%硫酸亚铁溶液浸泡棉籽饼,棉酚破坏率可达82%~100%。

治疗:消除致病因素,停止饲喂棉籽饼;加速毒物排出。

(1)胃导管洗胃。0.1%的高锰酸钾溶液1 000~2 000 mL,灌服。或用盐类泻剂如硫酸镁500~800 g,配成10%溶液,灌服。

(2)阻止渗出,增强心脏功能,补充营养和解毒,可用25%葡萄糖500~1 000 mL,10%安钠咖20 mL、10%氯化钙100 mL,静脉注射。

同时应补充适量维生素 A、维生素 C 及维生素 D。

(3)当病牛尚有食欲时,应增加饲料中青绿饲料的比例,多添加青菜、胡萝卜等,并适当补钙,还可用健胃剂对症治疗。

☞ *17.* 如何防治霉败饲料中毒?

对已经发生霉饲草中毒的病牛,应在停喂霉烂麦秸、稻草的同时,加强营养,进行对症治疗。

病初促进局部血液循环,对患肢进行热敷,按摩。破溃继发感染时,可用抗生素和磺胺类药物治疗并行外科处理。为了促进肉芽组织及上皮生长,利于疮口愈合,可用红霉素软膏涂敷,对病情严重者,可静脉注射葡萄糖和维生素等。

☞ *18.* 如何防治淀粉渣中毒?

治疗:对病牛立即停喂粉渣,并给予优质、青绿饲料、块根类饲料以及干草。症状轻的,停喂粉渣一段时间,症状即可自行修复。对于中毒较重的奶牛采用对症治疗的方法。

(1)补钙、输液。为提高血钙浓度,缓解低血钙症,可用 3%～5% 氯化钙,或者 20% 葡萄糖酸钙 500 mL,一次性静脉注射,每天 1～2 次。

(2)解毒保肝,防止脱水,提高抵抗力。可以静脉注射 25% 葡萄糖液 500 mL,5% 葡萄糖生理盐水 1 500～2 500 mL;维生素 C 5 g,一次性皮下注射。

(3)防止继发感染和胃肠炎。可使用氟苯尼考等广谱抗生素类药物进行静脉注射或肌肉注射。

(4)中和瘤胃酸度防止瘤胃 pH 下降,可用碳酸氢钠灌服。

预防:严格控制粉渣的饲喂量,未经去毒处理的粉渣,其喂量每天每次不应超过 7.0 kg。在饲喂过程中要充分保证优质干草的进食量。为防止中毒,最好在饲喂一段时间后停喂一段时间再喂。日粮中补喂钙及胡萝卜素。为减少亚硫酸对钙的消耗,饲料中应补加骨粉、贝壳粉等;同时,为防止胡萝卜素缺乏而引起硫在奶牛体内的蓄积所致的中毒现象,每天应饲喂 5～7 mg 的胡萝卜素。加强饲料调制。粗饲料如麦秸、玉米秸、干草可经碱化处理再喂,既可以增加饲料的适口性,提高进食量,又可以增加钙的补充。

☞ *19.* 如何防治酒糟中毒?

治疗:中毒奶牛立即灌服 1% 碳酸氢钠溶液 1 500～2 000 mL,或灌服同等量的豆浆水,并用 5%～8% 碳酸氢钠溶液灌肠,或静脉注射 5% 葡萄糖溶液 1 000～1 500 mL,加入 10% 安钠咖 5～10 mL。出现皮疹的可用 1% 高锰酸钾液冲洗患部。

中药疗法:天花粉 15～30 g、葛根 20～60 g、金银花 30～60 g 水煎服,或用葛根 100 g、生甘草 100 g、山药 100 g、大枣 100 g、黄芩 50 g 水煎,一次煎服。

预防:

(1)刚开始饲喂时应有一个过渡阶段,饲喂量要逐步增加,让奶牛对啤酒糟有一个适应过程。

(2)由于啤酒糟酸度较高,为了调节酸碱度,按精饲料饲喂量 1%～5% 的浓度添加碳酸氢钠。

(3)饲喂啤酒糟的数量要适度,并且要在平衡日粮营养成分的情况下使用。

(4)应给奶牛饲喂新鲜酒糟,酒糟不要贮存过久,如欲贮存,应摊开、遮盖,防止雨淋和日光暴晒。

(5)饲喂时,要对酒糟的品质进行检验,已严重腐败的酒糟,应坚决废弃。同时应合理饲养,控制酒糟喂量,每头牛每天喂 5～10 kg

为宜。

☞ *20*. 牛尿素中毒是如何发生的?

尿素为一种非蛋白质含氮物,可作为反刍动物的饲料添加剂使用,但若补饲不当或用量过大,则可导致中毒。发病常因尿素保管不当,被牛大量偷食,或误作食盐使用所致。此外,用尿素喂牛的量,成年牛应控制在每天 200~300 g,且在饲喂时,尿素的喂量应逐渐增多,若初次即突然按规定的量喂牛,则易发生牛尿素中毒。此外,在喷洒了尿素的草场上放牧,含氮量较高的化肥(如硝酸铵、硫酸铵等)保管不善被牛误食,日粮中豆科饲料比例过大,肝功能紊乱等,可成为发病的诱因。

☞ *21*. 牛尿素中毒有何临床表现?如何防治?

症状:牛过量采食尿素后 30~60 min 即可发病,病初表现不安,呻吟,流涎,口炎,整个口唇周围沾满唾液和泡沫。肌肉震颤,体躯摇晃,步态不稳。瘤胃蠕动减弱,鼓气,全身强直性痉挛。呼吸困难,阵发性咳嗽,肺部听诊有显著的湿啰音。脉搏增数,心跳加快。病末期,患牛高度呼吸困难,从口角流出大量泡沫样口水,肛门松弛,排粪失禁,尿淋漓,皮温不整,瞳孔散大,最后窒息死亡。

治疗:可立即灌服 1%~3%醋酸 3 000 mL,糖 250~500 g,常水 1 000 mL,或食醋 500 mL,加水 1 000 mL,内服。也可用 10%葡萄糖酸钙 200~400 mL,或 10%硫代硫酸钠液 100~200 mL,静脉注射。另外可用樟脑磺酸钠注射液 10~20 mL,皮下或肌肉注射进行强心;三溴合剂 200~300 mL,灌服进行镇静。对瘤胃鼓气的病牛,可进行瘤胃穿刺放气。继发上呼吸道、肺感染的病牛,可用抗生素治疗。

预防:用尿素作饲料添加剂时,不应超量,在饲喂方式上应由少到多,不间断饲喂。尿素以拌在饲料中喂较好,不得化水饮服或单喂,喂后 2 h 内不能饮水。如日粮中蛋白质已足够,不必加喂尿素。犊牛不宜饲喂尿素。对尿素类化肥,要加强保管,安全使用,防止被牛偷食或误食。

☞22. 如何防治犊牛水中毒?

为预防本病发生,应对犊牛加强饲养管理,合理供水,避免暴饮,或在饮水中加入饮水量的 0.5% 的食盐,即使喝过量水也不会引起本病发生。犊牛发生水中毒后,轻微时可不用药物治疗,仅严格控制饮水便可自愈;中毒较重病例,用 10% 浓盐水按病牛每千克体重 2.5~3.0 mL 静脉注射以提高患畜机体的血浆渗透压,再结合应用强心利尿剂、10% 安钠咖注射液以促进排泄体内多余的水分,调整神经机能,可加快本病的治愈。

七、奶牛营养与代谢主要疾病

☞ *1* . 奶牛酮病是如何发生的？有何临床表现？

酮病是由于糖、脂肪代谢障碍,使血液中酮体含量异常增多,出现以消化机能障碍为特征的一种营养代谢病。主要是因日粮中精料与粗饲料比例不当,如精料过多,而粗饲料不足,矿物质缺乏,导致能量代谢紊乱,酮体生成增多。当奶牛患真胃变位、创伤性网胃炎、子宫内膜炎、产后瘫痪、低钙血症、低磷血症、低镁血症等疾病时,常引起脂肪代谢障碍,造成继发性酮病。

分娩后几天至数周内发病,精神沉郁,食欲反常,初期拒食精料,吃少量粗饲料,后期食欲废绝,瘤胃蠕动减弱或停止,反刍、嗳气紊乱。泌乳下降或停止,明显消瘦,严重脱水,皮肤弹性降低,被毛粗乱无光泽。病牛站立时弓腰,垂头,眼半闭,有时眼睑痉挛,步态不稳,易摔倒。有的病牛兴奋不安,摇头,呻吟,磨牙,肩胛及肷部肌肉不时抽搐,或前奔,或后退。排出球状的少量干粪,附有黏液,或排出带臭味的软便。呼出气和挤出的乳汁有丙酮气味。体温一般正常,或偏低。

☞ *2* . 如何防治奶牛酮病？

预防:饲喂含足够蛋白质、能量和微量元素的全价日粮。对于泌乳期的牛更要如此。牛既不能营养不良,也不要过于肥胖。妊娠后期,限制挤奶次数,饲喂优质牧草,避免饲喂发酵青贮。分娩前后,可投喂丙酸钠,每次 120 g,每天 2 次,连用 10 d,预防效果较好。在管理上,要做到厩舍清洁,冬暖夏凉,空气流通,牛床干燥,环境舒适。妊娠后期,应在平坦运动场做适量运动。此外,对前胃疾病、真胃变位、产科病和各种中毒病等,应早期确诊,及时治疗,以减少继发性酮病的发生。

治疗:补充葡萄糖,每天不少于 1 000 g,口服或静脉注射。也可用丙酸钠、丙三醇 250~500 g,内服,每天 2 次,可收到较好效果。还可用促肾上腺皮质激素 100~200 U,氢化泼尼松 0.2~0.4 g 或地塞米松 10~20 mg,一次肌肉注射,若与葡萄糖溶液并用,疗效更好。

为解除酸中毒,可用 5% 碳酸氢钠 500~1 000 mL,一次静脉注射。维生素 A 500 U/kg 体重,内服;维生素 C 2 g、维生素 E 1 000~2 000 mg,一次肌肉注射,可收到一定辅助效果。有神经症状的,可用水合氯醛等药物治疗。

☞ 3. 如何防治牛营养衰竭症?

病因:其主要原因是低营养水平的饲养,使机体营养供不应求。或患有慢性消耗性疾病,如寄生虫病、慢性消化紊乱或某些传染病。

诊断:病牛表现为进行性消瘦贫血。全身肌肉萎缩,骨骼毕露,精神不振,皮毛粗乱,食欲减退,容易疲劳,呼吸无力,站立不稳,多卧少立,或卧地不起;耳朵及四肢冰冷,脉速而弱。后期胸腹及四肢水肿,卧地不起而死。

防治:加强饲养管理,增喂精料,每日喂食盐 30~40 g,骨粉 50~100 g,添喂玉米粉、米糠、豆饼、麦麸、花生麸及青饲料。如能每隔 2~3 d 喂 3~4 个鸡蛋,效果更好。牛一旦发生衰竭症要及早治疗。可静脉注射葡萄糖酸钙 300~600 mL,10% 葡萄糖注射液 1 000~2 000 mL。肌肉注射维生素 B_{12},每次 1~2 mL。内服乳酸钙,每次 10~25 g,每日 2~3 次,连服 2~3 周。定期驱虫。发现慢性消耗性疾病,应及时采取相应的治疗措施。

☞ **4．如何诊治牛脂肪肝？**

患牛拒食精料、青贮料，并可能出现异食癖，身体消瘦，皮下脂肪消失，皮肤弹性减弱。粪便干而硬，严重的出现稀便。病牛精神中度沉郁，不愿走动和采食，有时有轻度腹痛症状。一般体温、脉搏和呼吸正常，瘤胃运动稍减弱，病程长时，瘤胃运动可消失。病牛重度脂肪肝如得不到及时、正确的治疗，可死于过度衰弱或内中毒及伴发的其他疾病；患轻度和中度脂肪肝的患牛，约 1.5 个月可能自愈，但产奶量不能完全恢复，免疫力和繁殖力均受到影响。

(1)加强饲养管理，合理供给营养：对妊娠期的奶牛应适当减少精料的饲喂量，以免产前过于肥胖；妊娠期要保证日粮中含有充足的钴、磷和碘，并在妊娠后期适当增加户外运动量；对产后牛要加强护理，改善日粮的适口性，逐渐增加精料，避免发生因产后泌乳等所造成的能量负平衡。同时，要及时治疗影响消化吸收的胃肠道疾病。

(2)葡萄糖注射治疗：静脉注射 50％葡萄糖溶液 500 mL，每天 1 次，连注 4 d 为一个疗程。也可腹腔内注射 20％葡萄糖溶液 1 000 mL。同时肌肉注射倍他米松 20 mg，并随饲料口服丙二醇或甘油 250 mL，每天 2 次，连服 2 d。然后改为每天 110 mL，再服 3 d，效果较好。

(3)口服烟酸、胆碱：从产前 14 d 开始，每天每头牛补饲烟酸 8 g、氯化胆碱 80 g 和纤维素酶 60 g，如能配合应用高浓度葡萄糖溶液静脉注射，效果更佳。

☞ **5．母牛卧地不起综合征是如何发生的？有何临床表现？**

该病是指母牛分娩前后，不明原因，突发起立困难或站不起来的一种疾病。高产奶牛、产双犊母牛和肥胖母牛易发。发病原因是舍饲的分娩母牛以及对蛋白需求量大的妊娠母牛,在分娩前补饲不足,导致潜在的肌肉损伤,一旦遭受某种外力作用,易诱发某些肌群断裂;饲喂高蛋白、低能量饲料的牛,瘤胃内异常发酵产生有毒物质,以分娩为诱因,发生自体中毒,导致起立困难或站不起来。

临床症状:病初患牛企图站立,但后肢、后躯肌肉麻痹无力,被迫卧地。体温、精神、食欲多正常,耳根、角根冷凉,皮温不整。瘤胃蠕动正常或减弱,粪便正常或稀软。呼吸正常,心跳次数增多。可视黏膜潮红或发绀。随着病程进展,人为帮助其站立也站不起来,即使勉强站立,也无力负重,卧地后四肢抽搐,头向后仰。爬卧较久的患牛,大多数伴发低磷、低钙、低镁等,发生心肌炎,在2～3 d 内死亡。

☞ 6．如何治疗母牛卧地不起综合征?

应用25%葡萄糖酸钙注射液500 mL,缓慢静脉注射。若病牛症状无明显改善时,可隔8～12 h,再用药1次。同时给予维生素 B_1 和维生素 C 适量,必要时结合乳房送风疗法。如果治疗无效,可用15%磷酸二氢钠注射液200～300 mL,加复方氯化钠溶液1 000 mL,缓慢静脉注射;或用5%氯化钾注射液,按10～20 mg/kg体重,加在5%葡萄糖注射液2 000 mL 内,缓慢静脉注射。还可用20%～50%硫酸镁注射液100～200 mL,静脉注射。此外,应采取对症治疗。

☞ 7．如何诊治奶牛生产瘫痪?

奶牛生产瘫痪也称产后瘫痪,亦称乳热症(milk fever)或低钙血症(hypocalcemia),是母牛产后突然发生的以血钙含量急剧下降、知觉消失、肌肉松弛、四肢麻痹、卧地瘫痪为特征的疾病。奶牛生产瘫痪是奶牛生产中常见的一种营养代谢障碍性疾病,多发生于产后,尤其是高产和体质较弱的奶牛多发,以3～6胎的经产奶牛最多,大约占发病总数的 90%。

诊断:临床表现以体温降低、全身肌肉无力、四肢瘫痪、知觉丧失、反应迟钝为主。

治疗:

(1)补钙补糖:此病确诊后,及时地给患牛补钙补糖,增加血钙浓度,补充奶牛机体对钙的生理需要,改善机体组织的血液循环,为组织细胞提供足够的钙和其他的营养,尽快恢复各组织器官的生理功能,提高体力,消除病症。对于较轻的患牛可用 20% 的葡萄糖酸钙注射液 500 mL 或 10% 的氯化钙注射液 350 mL、10% 的安钠咖注射液 20 mL、10% 的葡萄糖注射液 1 000 mL、10% 的氯化钠 500 mL,一次静脉注射,1 次/d,连用 3 d。对于较重的患牛可用 20% 的葡萄糖酸钙注射液 1 000 mL 或 10% 的氯化钙注射液 500 mL、10% 的安钠加注射液 20 mL、10% 的葡萄糖注射液 1000 mL、10% 的氯化钠 500 mL,一次静脉注射,1 次/d,连用 3 d。还应根据情况对症治疗,全面调节,使机体快速恢复。

(2)乳房送风:对于比较严重的患牛,在上述补钙补糖治疗的基础上对奶牛乳房送风,使奶牛乳房内压力升高,减少乳房血的流量,使血液最大限度地供给其他组织器官,减少乳汁的生成,以保证机体对钙和其他营养的需要。

☞ **8.** 牛维生素 A 缺乏症是如何发生的?有何临床表现?

该病是由于饲料中维生素 A 及维生素 A 原-胡萝卜素不足或缺乏所引起的一种营养代谢病。

病初呈夜盲症状,在月光或微光下看不见障碍物;以后角膜干燥、羞明流泪;角膜肥厚、浑浊;皮肤干燥,被毛粗乱,皮肤上常积有大量麸样落屑;运动障碍,步态不稳;体重减轻;营养不良,生长缓慢。常伴有角膜炎、霉菌性皮炎、胃肠炎、支气管炎和肺炎等。母牛易发生流产、早产、死胎或生出瞎犊、角膜瘤、裂唇等先天性畸形犊牛,母牛产后常有胎衣不下现象;出生犊牛生活力差,在短时间内死亡。公牛由于精子畸形和活力差,受胎率降低。犊牛主要表现食欲减退,消瘦,发育迟滞,有时前肢和前躯皮下发生水肿。

☞ *9.* 如何防治牛维生素 A 缺乏症?

预防:主要是合理配合日粮,加强饲料保存,保证饲料中有足够胡萝卜素含量;注意肝脏疾病和胃肠疾病的预防和治疗;对妊娠母牛要适当运动,多晒太阳。

治疗:发生维生素 A 缺乏症时,应立即更换饲料,多喂富含胡萝卜素的饲料;内服鱼肝油,成年牛 50~100 mL,犊牛 20~50 mL,每天一次,连续数天。或用维生素 A 注射液,肌肉注射 5 万~7 万 IU,每天一次,连续 5~10 d。也可一次大剂量注射(50 万~70 万 IU)。给予抗生素和磺胺药以预防并发感染;同时,采取对症治疗,如消化不良给予健胃药,腹泻时给予消炎止泻药等。

☞ *10.* 牛佝偻病是如何发生的? 有何临床表现?

该病又称为维生素 D 缺乏症,是犊牛由于缺乏维生素 D 所引起的钙、磷代谢障碍性疾病。常因母牛维生素 D、钙、磷缺乏致发先天性佝偻病;或因饲料中维生素 D 缺乏,或钙、磷比例不当,缺少光照等因素引起后天性佝偻病。

症状:发病犊牛于出生后不能起立,严重者两前肢扒开。身体衰弱,弓背,站立时四肢弯曲。两侧的下颌骨、腕关节或飞节大小不一致且不对称。后天性佝偻病,病犊食欲逐渐减退,消化不良,精神沉郁,喜卧,行动迟缓,逐渐消瘦,被毛逆立,局部脱毛,生长停滞。常发生异嗜,导致胃肠机能紊乱。肢体软弱无力,站立时,四肢频频交换负重,运步时步样强拘,甚至跛行。骨骼变形,关节肿大,骨端粗厚。肋骨扁平,胸廓狭窄,脊柱弯曲,肋骨与肋软骨结合部呈串珠状肿胀。头骨肿大。四肢弯曲,呈内弧(O 状)或外弧(X 状)肢势。病犊体温、脉搏及呼吸一般无变化。

☞ *11.* 如何防治牛佝偻病?

预防:加强对妊娠牛和哺乳牛的饲养管理,经常补充维生素 D 和钙;犊牛要经常运动,多晒太阳,给予良好的青干草和青草;及时治疗胃肠道疾病及体内寄生虫病。

治疗:发病后,要改善饲养管理,给予骨粉及富含维生素 D 的饲料,适当运动,多晒太阳。药物治疗主要是补充维生素 D 和钙,可用鱼肝油 10～15 mL 内服,每天一次,发生腹泻时停止服用;骨化醇(维生素 D)40 万～80 万 IU 肌肉注射,每周一次;或用维生素 D_2 胶性钙液 1～4 mL,皮下或肌肉注射,每天一次;或用乳酸钙 5～10 g 内服,每天一次;10%氯化钙 5～10 mL 或 10%葡萄糖酸钙 10～20 mL,静脉注射,每天一次。

☞ *12.* 牛骨软症是如何发生的?有何临床表现?

该病是由于成年牛饲料中缺磷所引起的磷钙代谢紊乱性疾病。主要因长期单纯喂给钙多于磷的饲料,或钙、磷均少的饲料,导致钙磷比例不平衡而发病。妊娠牛因胎儿生长的需要以及产奶盛期,大量钙磷随乳排出,均可使体内钙磷相对缺乏。

症状:病初表现消化不良、异食、舔食墙壁、泥土、沙石、砖块等,不断地磨牙或空嚼。随后病牛喜卧,不愿站立,伏卧时常变换体位,有时呻吟;站立时弓背,四肢叉开,运步不灵活,出现不明原因的一肢或多肢跛行,或交替出现跛行。严重者骨骼肿胀、变形、疼痛,下颌骨肿大增厚使口腔闭合困难,各关节尤其是四肢关节粗大不灵活,四肢骨、肋骨、脊椎骨弯曲易骨折,尾椎骨移位、变软,肋骨与肋软骨结合部肿胀。

☞ 13 . 如何防治牛骨软症?

预防:平时按饲养标准配合日粮,保证日粮中钙、磷含量及其比例[一般钙磷比例在(1.5～2)∶1。不要低于1∶1,或超过2.5∶1],适当运动,多晒太阳。

治疗:发病后,要改善饲养管理,多喂青干草或富含磷的饲料,减少蛋白质或脂肪性饲料,适当运动,多晒太阳。药物治疗,主要是补磷、钙及维生素D,可用骨粉250 g内服,每天一次,5～7 d为一疗程;磷酸二氢钠80～120 g内服,每天一次,连用3～5 d;20%磷酸二氢钠液300～500 mL或3%次磷酸钙液1 000 mL静脉注射,每天一次,连用3～5 d。磷酸氢钙每次10～40 g或乳酸钙每次10～30 g,鱼肝油每次20～60 mL,每天2～3次混入饲料中喂给。对严重病例,可静脉注射10%葡萄糖酸钙200～600 mL,或5%氯化钙100～250 mL;肌肉注射维生素AD液5～10 mL,也可肌肉注射或皮下注射维生素D_2胶性钙液2.5万～10万IU,每天1～2次。

☞ 14 . 牛白肌病是如何发生的? 有何临床表现?

该病是由于硒和维生素E缺乏所引起的一种疾病。以骨骼肌和心肌发的变性、坏死为特征。犊牛(1～3月龄)多发,常呈地区性发生。主要是因牛采食缺硒地区的饲草或不能很好地吸收利用土壤中硒的饲草、饲料而引起硒缺乏;长期舍饲含维生素E很低的草或长期放牧在干旱的枯草牧地,引起维生素E不足或缺乏;采食丰盛的豆科植物,或在新近施过含硫肥料的牧地放牧,也会导致维生素E缺乏和肌营养不良。此外,含硫氨基酸(胱氨酸、蛋氨酸)的缺乏,各种应激因素的刺激,也可成为诱发白肌病的因素。

该病按病程可分为最急性、急性和慢性 3 种病型。

(1)最急性型,不表现任何异常,往往在驱赶、奔跑、蹦跳过程中突然死亡。

(2)急性型,病牛精神沉郁,可视黏膜淡染或黄染,食欲大减,肠音弱,腹泻,粪便中混有血液和黏液,体温多不升高。背腰发硬,步样强拘,后躯摇晃,后期常卧地不起,臀部肿胀,触之硬固。呼吸加快,脉搏增数,犊牛达 120 次/min 以上。

(3)慢性型,病牛运动缓慢,步态不稳,喜卧。精神沉郁,食欲减退,有异嗜现象。被毛粗乱,缺乏光泽,黏膜黄白,腹泻多尿,脉搏增数,呼吸加快。

☞ *15.* 如何预防和治疗牛白肌病?

预防:平时加强妊娠牛和犊牛的饲养管理,冬季多喂优质干草,增喂麸皮和麦芽等。在产前 2 个月,每日可补喂卤碱粉 10 g。在白肌病流行地区,入冬后对妊娠牛每 2 周肌肉注射维生素 E 200~250 mg,每 20 d 肌肉注射 0.1%亚硒酸钠液 10~15 mL,共注射 3 次。对犊牛也可采用同样的预防方法,剂量减半。

治疗:常用 0.5%亚硒酸钠液 8~10 mL,肌肉注射,隔 20 d 再注射一次;维生素 E 注射液 50~70 mL,肌肉注射,每天一次,连用数日。同时,应进行对症处置。

☞ *16.* 牛铜缺乏症是如何发生的? 有何临床表现?

该病是由于饲料和饮水中铜缺乏或钼过多所致。犊牛在春、夏季节易发病。长期采食或饲喂含铜过低的饲草,当铜含量少于 3 mg/kg 体重以下时,则呈现出铜缺乏症状。当铜含量为 3~5 mg/kg 体重时,多为亚临床铜缺乏症。

症状:患牛食欲减退,异嗜,生长发育缓慢,尤其是犊牛更明显。被毛无光泽,黑毛变为铁锈色,红毛变为暗褐色。眼周由于褪色或脱毛,成为白色或无毛,似戴眼镜。同时,伴发消瘦、腹泻、脱水和贫血。奶牛群性周期延迟或不发情,或出现一时性不孕、早产等繁殖障碍。妊娠母牛泌乳性能降低,所产犊牛多表现跛行,步样强拘,甚至行走时两腿相碰,共济失调,关节肿大、变形,易骨折。重症患牛往往发生心力衰竭,有的在 24 h 内突然死亡。

☞ *17．* **如何防治牛铜缺乏症?**

成年牛每天口服 2 g 或每周 4 g 硫酸铜,犊牛每天 1 g 或每周 2 g。还可用硫酸铜 0.8 g,溶解于 1 000 mL 生理盐水中,成年牛 250 mL,一次静脉注射,其有效期可维持数月。对铜缺乏土壤,可施用含铜肥料,每公顷草场施用 5～7 kg 硫酸铜,能使牧草中含铜量达到奶牛需求水平,并能维持几年。对舍饲牛群,还可用甘氨酸制剂,成年牛 400 mL,犊牛 200 mL,一次皮下注射,其保护期可持续 3～4 个月。有时给成年牛口服硫酸铜 3 g,每周一次,效果也较好。

☞ *18．* **牛碘缺乏症是如何发生的? 有何临床表现?**

该病是由于长期饲喂缺碘的饲草、饲料所致。主要原因是土壤、饲草、饲料和水源中碘含量过少,牛摄取碘含量不足。犊牛生长发育期、母牛妊娠和泌乳盛期,对碘需要量增加,而供碘不足;长期大量饲喂含有致甲状腺肿的草料,如白三叶草、卷心白菜等影响牛对碘的吸收。

症状:临床表现为新生胎儿水肿,甲状腺肿大,压迫喉头,呼吸困难。被毛稀疏或无毛,皮厚。犊牛产出后,虚弱无力,骨骼发育不良,四肢骨弯曲,站立困难。重症犊牛,以腕关节着地,有的不能站立。少数幸存的犊牛,生长发育停滞成为侏儒牛。

青年母牛性器官成熟延缓,性周期不规律,受胎率降低,泌乳减少,产后胎衣不下。公牛性欲减退,精子品质低劣,精液量减少。

成年奶牛,甲状腺肿大,皮肤干燥,角化,多皱,弹性差,被毛脆弱,口周围秃毛。孕牛妊娠期延长,多发生胚胎早期死亡,胎儿被吸收或偶发早产。

☞ *19*. **如何防治牛碘缺乏症?**

对病牛宜尽早补饲碘盐或含碘饲料添加剂,或在 1 kg 食盐中加碘化钾 200 mg。也可以用含 40% 结合碘的油剂 2 mL,一次肌肉注射。犊牛易引起中毒,因此应小心、慎重。

对犊牛宜用卢格氏液数滴内服,连续 1 周时间。对妊娠母牛(尤其是处于后期),以含有 0.015% 碘盐,按 1% 比例添加在饲料中饲喂,有较好的预防作用。

☞ *20*. **牛锰缺乏症是如何发生的? 有何临床表现?**

该病主要是由于长期饲喂锰含量过少的饲料和饲草所致。当土壤中锰含量在 3 mg/kg 以下,牧草中锰含量在 50 mg/kg 以下时,长期饲喂,奶牛容易发病。此外,饲料中钙、磷含量过多,可使锰的吸收和利用率降低,而诱发该病。

症状:犊牛缺乏锰,食欲减退,被毛干燥、褪色。四肢球节肿大、突起、扭转。关节麻痹,运动障碍,起立困难。有的出生前即发生以肢腿弯曲为主的佝偻病,肌肉震颤或痉挛性收缩。成年母牛锰缺乏,发情周期延迟、不发情或发情表现不明显,卵巢萎缩,排卵停滞,受胎率降低或不易受孕,发生隐性流产,胎儿被吸收,死胎等。公牛锰缺乏,睾丸萎缩,性欲减退,精液质量不良。

预防:每公顷草地用 7.5 kg 硫酸锰与其他肥料混施,即可有效防止牧草锰缺乏。预防奶牛缺锰,可饲喂富含锰的饲草、饲料,如青贮和块根饲料。对犊牛可每天投服 4 g 硫酸锰。应注意的是,饲喂锰剂量不可过大,因锰过多可影响瘤胃微生物生长繁殖,干扰铁、钴的吸收和利用。

治疗:每天一次补饲 2 g 锰添加剂,连续几天,对恢复繁殖机能有较好的效果。

☞ 21. 牛锌缺乏症是如何发生的? 有何临床表现?

该病是由于饲草、饲料中锌含量过少所致。主要原因是长期大量采食或饲喂锌缺乏地带生长的牧草或谷类作物造成的。另外,日粮中钙盐和植酸盐含量过多,会与锌结合成难溶解的复合物,使锌的吸收率降低,导致锌缺乏;日粮中磷、镁、铁、锰以及维生素 C 等含量过多,以及不饱和脂肪酸缺乏,均可影响锌的代谢过程,使锌的吸收和利用受到阻碍。当牛患有慢性胃肠道疾病时,妨碍对锌的吸收而继发锌缺乏。

症状:犊牛缺锌时,食欲减退,增重慢。鼻镜、耳根、阴户、肛门、尾根、跗关节等处皮肤角化不全,干燥,弹性降低。阴囊、四肢部位的皮肤瘙痒,脱毛,粗糙,蹄周及趾间皮肤皲裂,后肢弯曲,关节肿大、僵硬,四肢无力,步样强拘。

成年牛缺锌,母牛表现为发情延迟,不发情或发情后屡配不孕,胎儿畸形,早产,死胎。公牛表现为性机能减退,精子生成障碍,精液量和精子数减少。

☞ 22. 如何防治牛锌缺乏症?

预防:对缺锌地带的牛,平时要严格控制日粮中钙含量,同时在每千克日粮中添加硫酸锌 25~50 mg,但应注意防止锌中毒。在饲喂新鲜青绿牧草时,适量添加一些大豆油,对预防锌缺乏有较好的效果。

治疗:可每天口服硫酸锌 2 g,或每周肌肉注射 1 g 硫酸锌注射液。对犊牛锌缺乏可连续口服硫酸锌 100 mg/体重,连用 3 周。

☞ *23.* **牛钴缺乏症是如何发生的? 有何临床表现?**

牛钴缺乏症是由于饲料和稻草中钴缺乏或不足,以及维生素 B_{12} 合成因子受到阻碍,在临床上是以厌食、营养不良(消瘦和贫血)等为主征的慢性代谢病。

(1)长期放牧在钴缺乏土壤(钴含量在 0.25 mg/kg 以下)的牧草场地或持续性饲喂钴缺乏(0.04~0.07 mg/kg 干重)草类或稻草的牛群,多有发病。

(2)凡阻碍奶牛瘤胃内发酵过程中合成维生素 B_{12} 的因子或疾病,可导致发生钴缺乏症。

症状:可视黏膜淡染或苍白、皮肤变薄、肌肉乏力、松弛,被毛无光泽,换毛延迟,体表残留皮垢(鳞屑),流泪,食欲减退,消瘦,贫血和腹下水肿等。

在低钴地区的牛群,凡出现厌食、营养性消瘦和可视黏膜淡染(贫血)等症状时,便可怀疑钴缺乏症。在应用氯化钴水溶液(钴含量 5~35 mg/d)经口投服,历时 5~7 d,可使顽固性厌食等症状消失,有助于本病诊断。

病程长达数周乃至 1 年以上病牛,经确诊并及时治疗或转移不发病地区饲养后,一般可望康复,预后多良好;重型病牛,尤其是产犊后体力消耗过大,卧地不起继发褥疮,又得不到合理治疗和人工护理时,预后不良,结局多死亡。

☞ 24. 如何防治牛钴缺乏症?

预防:对钴缺乏地区可施用钴盐肥料,还可混饲钴添加剂(日量为0.3～2 mg)。在钴缺乏土壤中锰、铁和镁含量也减少,可推荐复合钴制剂-矿盐,自由舔食,可收到明显效果。

治疗:在治疗上基于牛生长发育过程中对钴的需要量,对病牛投服氯化钴水溶液 5～35 mg/d,开始用大剂量,逐渐减至小剂量,持续2～3 个月便见效果。同时,还可投服维生素 B_{12} 制剂,按饲喂饲料的0.001 7%～0.003 3% 比例混饲。对重型病牛,应用维生素 B_{12} 和右旋糖酶铁合剂 4～6 mL,每 3 d 肌肉注射 1 次。

☞ 25. 奶牛青草搐搦是如何发生的? 有何临床表现?

青草搐搦,又称低血镁症、缺镁痉挛症、青草蹒跚,是牛羊等反刍家畜一种常见的矿物质代谢障碍性疾病,多发生于夏季高温多雨时节,尤以产后处于泌乳盛期的母畜多见。

正常情况下,兴奋性离子(钾离子、钠离子)和抑制性离子(镁离子和钙离子)保持平衡,当动物大量采食含钾离子高的饲草饲料后,动物血液虽钾离子增高,则抑制机体对镁离子的吸收,导致牛羊血镁降低。另外,日粮中含氮量高,牛羊采食后在瘤胃内可产生大量氨,氨与镁易形成不溶性的硫酸铵镁而使镁离子的吸收受损,造成血镁过低,引起牛羊缺镁性痉挛。夏季,高温多雨,青草生长旺盛,尤其是施氮肥和钾肥多的青草,不仅含镁量很低,而且含钾或氮偏高,牛、羊长时间放牧或长期饲喂这样的青草,就会造成血镁过低而发病。

奶牛青草搐搦临床上有两种类型:

(1)急性型:病畜表现兴奋不安,突然倒地,头颈侧弯,牙关紧闭,口吐白沫,瞬膜外突,心动过速,出现阵发性或强址性痉挛,粪尿失禁。

抢救不及时则很快死亡。

(2)慢性型:走路缓慢,活动不便,后倒地,也可由急性转为慢性,最后常因全身肌肉搐搦使病情恶化而死亡。

☞ 26.如何诊治奶牛青草搐搦?

诊断:了解饲喂青草及喂食草料的情况,结合出现搐搦、痉挛性收缩为主的神经症状,可初步诊断。测定血镁含量,血镁含量在 1.1～1.8 mg 为轻症,0.6～1.0 mg 为重症,0.5 mg 以下为严重型。

预防:

(1)草场管理:对镁缺乏土壤应施用含镁化肥,当然其用量按土壤 pH、镁缺乏程度和牧草种类而有所差别。一般为提高牧草的镁含量,可在放牧前开始每周对每 100 mg 草场撒布 3 kg 硫酸镁溶液(2%浓度)。同时要控制钾化肥施用量,防止破坏牧草中矿物质的镁、钾之间平衡。

(2)对放牧牛群的措施:①要对牛群进行适应放牧的驯化,在寒冷、多雨和大风等恶劣天气放牧时,应避免应激反应,防止诱发低镁血症。所以,对放牧牛群,在放牧前 1 个月就应进行驯化,使其具有一定的适应能力。②补饲镁制剂,放牧牛群,尤其是带犊母牛,在放牧前 1～2 周内可往日粮中添加镁制剂补料。③在本病易发病期间,除半天放牧外,宜在补饲野草和稻草的同时,在饮水和日粮中添加氯化镁、氧化镁和硫酸镁等,每头牛每天补饲量不超过 50～60 g 为宜。最近,有的国家为预防本病发生,在牛网胃内置放由镁、镍和铁等制成的合金锤(长约 15 cm)任其缓慢腐蚀溶解,可在 4 周内起到补充镁的作用。

治疗:针对病性补给镁和钙制剂有明显效果。通常将氯化钙 30 g 和氯化镁 8 g 溶解在蒸馏水 250 mL 中煮沸消毒,缓慢地静脉注射。还可将 8～10 g 硫酸镁溶解在 500 mL 的 20%葡萄糖酸钙溶液中制成注射液,在 30 min 内缓慢地静脉注射,均取得较好疗效。

除上述药物治疗外,可针对心脏、肝脏、肠道机能紊乱等情况,对症用药,以强心、保肝和止泻等为主,必要时应用抗组胺制剂进行治疗。

在护理上应将病牛置于安静、无过强光线和任何刺激的环境饲养。对不能站立而被迫横卧地上的病牛应多敷褥草,时时翻转卧位,并施行卧位按摩等措施,防止褥疮发生。

☞ 27. 如何进行营养代谢疾病监控?

(1)定期抽查血样:每年应对干奶牛、高产牛进行 2～4 次血样抽样(30～50 头)检查,检查项目主要包括血细胞数、细胞压积(HCT)、血红蛋白、血糖、血尿素氮、血磷、血钙、血钠、血钾、总蛋白、白蛋白、碱贮(CO_2 结合力)、血酮体、谷草转氨酶、血游离脂肪酸等。

(2)定期监测酮体:

① 产前 1 周,隔 2～3 d 测尿 pH、尿酮体 1 次。

② 产后 1 d,测尿 pH、尿或乳酮体含量,隔 2～3 d 1 次,直到产后 30～35 d。凡监测尿 pH 呈酸性、酮体阳性反应者,立即采取葡萄糖、碳酸氢钠及其他相应措施治疗。

(3)加强临产牛监护:对高产、年老、体弱及食欲不振牛,经临床检查未发现异常者,产前 1 周可用糖钙疗法防控(25% 葡萄糖液、20% 葡萄糖酸钙液各 500 mL 一次静脉注射,每天 1 次,连注 2～4 d)。

(4)注意奶牛高产时的护理:高产牛在泌乳高峰时,日粮中可添加碳酸氢钠 1.5%(按总干物质计),与精料混合直接饲喂。

八、奶牛传染病

☞ *1.* **牛流行性感冒是如何发生的？**

牛流感是由病毒引起的一种常见急性、热性传染病，多发于早春和深秋季节。由于气候寒冷，多变，保温效果不好，不注意对牛只的保健护理，一旦冷风侵袭，部分牛易患感冒，而且很快在牛群中相互感染，造成暴发和流行。

☞ *2.* **如何防治牛流行性感冒？**

在流行的地区，对未发病的肉牛，可用中药贯众 400 g，煎汤喂服，每日 1 次，连用 3 d 或用贯众、荆芥、紫苏各 45 g，甘草 30 g，煎汤灌服，每日 1 剂，连用 3 d，进行预防。或用盐酸金刚烷胺 1 g/头，每日两次拌精饲料喂，连用 5 d。或用盐酸吗啉呱片 1～2.5 g/头，拌精饲料喂，每天 2 次，连用 3 d。这些方法对牛流感都有一定的预防效果。治疗，主要是对症治疗。

在感冒流行季节前，如能用当地牛流感分离株制成灭活油苗，给牛接种，以获得预防牛流感的免疫保护，也是行之有效的方法。

☞ *3.* **牛口蹄疫是如何发生的？**

口蹄疫是由口蹄疫病毒引起牛的一种急性热性传染病。除了牛以外，羊、猪、鹿等偶蹄兽也易感。本病具有高度传染性，病毒对外界的抵抗力比较强,很容易造成大的流行。病牛和带毒牛是引起口蹄疫的传染源。病牛的水疱皮、水疱液中病毒含量最高,口水、眼泪、奶、粪便和尿中也含有病毒。病毒排出后污染牧场、饲草、饲料、饮水、空气、交通工具、圈舍等,可引起接触感染。病牛和健康牛直接接触可引起疾病传播。可通过消化道、呼吸道,也可通过破损的皮肤和黏膜感染。大风可造成病毒的远距离跳跃式传播。

☞ 4. 牛口蹄疫有哪些临床表现?

潜伏期一般为 2～4 d,最长的 7 d 左右。病牛体温升高达 40～41℃,食欲减退,流出较多的口水,咀嚼和吞咽困难,呆立无神。1～2 d 后,在唇和面颊的黏膜、舌面和舌的两侧、齿龈、硬腭、齿垫等处形成水疱,大小不等。水疱内最初是无色或淡黄色的液体,后变浑浊,呈灰白色。1～3 d 后,水疱破裂后形成浅表的糜烂,边缘不整齐,此时病牛体温可恢复正常。有些牛在鼻盘(鼻镜)上可能也出现水疱。检查病牛的蹄部,可见皮肤肿胀、疼痛和发热。在口腔水疱出现的同时或不久,蹄冠和蹄趾间的柔软皮肤上也出现水疱,大小不等,早期为澄清的液体,后变浑浊,破溃后流出液体可以和污泥形成痂块。蹄冠部糜烂继发细菌感染的病牛,严重者可引起牛的蹄匣脱落。病牛的乳房皮肤上也可出现水疱。本病多为良性经过,病程 1 周左右,死亡率较低,不超过 1%～3%。但犊牛常发生恶性口蹄疫,死亡率可达 20%～50%,致死的主要原因是变质性心肌炎。

☞ 5. 如何扑灭牛口蹄疫疫情?

该病是影响养牛业的最重要的传染病之一,我国将其列为一类动物传染病。一旦发现疫情,要立即上报。确定诊断后,要划定疫点、疫区,并实行封锁。要严格封死疫点,坚决扑杀病牛和同群牛,并对尸体及其污染物进行焚烧、深埋等无害化处理。对病牛污染的场所进行彻底消毒。要禁止疫区的牛、羊、猪等易感动物、有关畜产品和饲料外调,非疫区的家畜严禁进入疫区。对出入疫区的交通工具和人员必须全面消毒。在扑杀病牛后,观察 3 个月,确实无新病例发生时,可由政府宣布解除封锁。表明该次疫情已扑灭。

☞ **6. 平时如何预防口蹄疫?**

做好预防注射工作,每年要按国家制定的口蹄疫免疫计划进行预防注射,口蹄疫疫苗免疫期一般为半年,故每隔半年应进行一次口蹄疫免疫注射。要坚持自繁自养,必须从外地购入优良品种时,要做好检疫工作,不从疫区购入病牛。

☞ **7. 牛病毒性腹泻-黏膜病是如何发生的?**

该病简称牛黏膜病或牛病毒性腹泻,是由牛病毒性腹泻-黏膜病病毒引起的一种热性传染病。患病动物与带毒动物是本病的主要传染源。病畜的分泌物和排泄物中含有病毒,可通过直接或间接接触传染。流行特点是新疫区急性病例多,任何年龄的牛均可感染发病,死亡率高;老疫区急性病例少,死亡率低。本病常年发生,通常多发于冬末和春季。潜伏期 7~14 d,多数是隐性感染,症状不明显。新生犊牛多表现为急性症状。

☞ **8. 牛病毒性腹泻-黏膜病有何临床表现?**

急性型:发病突然,高热达 40.5~42℃,2~3 d 内口腔各部位均出现散在的糜烂或溃疡,粪便呈水样、恶臭,含有大量的黏液和纤维素性伪膜,带有气泡和血液。不及时治疗 5~7 d 死亡。

慢性型:多数由急性型转来,病牛呈间歇性腹泻,进行性消瘦,慢性鼓胀,蹄部变形,口腔和皮肤的慢性溃疡,贫血,白细胞减少,多数病牛于2～6个月内死亡。

☞ *9*. 如何防治牛病毒性腹泻-黏膜病?

治疗:无特效治疗方法,仅能用消化道收敛药及胃肠外输入电解质溶液的支持疗法。

预防:采取综合性预防措施,对牛群进行定期检疫,淘汰阳性牛,对其污染的环境进行彻底消毒。进行免疫接种,疫苗有弱毒苗和灭活苗,母牛在配种前注射,免疫期为一年,可有效预防本病。

☞ *10*. 牛流行热是如何发生的?

该病又称三日热或暂时热,是由牛流行热病毒引起的一种急性热性传染病,其特征是病牛高热和呼吸促迫、流泪、流口水、流鼻汁以及四肢关节疼痛所致发的跛行。本病发病率高,短期内可使大批牛发病,但死亡率低,病死率不超过1%,多数为良性经过。病牛是主要传染源,病毒主要通过吸血昆虫叮咬传播,在一定地区造成较大的流行。发病和气候有关,一般在炎热、潮湿、多雨水的夏秋季节多发。

☞ *11*. 牛流行热有何临床表现?

潜伏期3～7 d,突然发病,体温升高达39.5～42.5℃。一般高热持续2～3 d后降到正常。病牛眼睑水肿,眼结膜充血,怕光流泪。呼吸和心跳加快。食欲废绝,反刍停止,鼻分泌物增多,最初是稀薄浆液性的,以后变成黏液性。口腔发炎,口水多,呈泡沫状挂在口角。有些病牛四肢关节肿大、疼痛,躯干僵硬,站立和行走困难,最后卧地不起。

有的便秘,有的腹泻,发热期间排尿减少,病牛产奶减少或停止,孕牛可发生流产或死胎。

☞ *12.* 如何防治牛流行热?

治疗:目前还没有特效药,病初可试用退热药、强心药和输液疗法,也可用一些抗生素或磺胺类药来控制继发感染。

预防:一旦发现病牛,早隔离、早治疗,消灭吸血昆虫,对保护其他健康牛效果好。应用疫苗进行免疫注射,安全有效,在发病区可用于定期预防注射,也可用于疫区或受威胁区的紧急免疫注射。

☞ *13.* 如何防治牛伪狂犬病?

该病是由伪狂犬病病毒引起的一种家畜及野生动物的急性传染病。自然感染发生于牛、羊、犬、猫、鼠及野生动物。病牛、带毒牛以及带毒鼠类为重要传染源。可经伤口、消化道、配种等途径直接接触传染,也可通过母体-胎儿途径垂直传染。病牛的死亡率几乎可达 100%。

潜伏期 3~6 d,少数可达 10 d,发病后常于 48 h 内死亡。症状特殊而明显,主要表现为某部皮肤的强烈瘙痒。身体的任何部位均可发生。在出现一般症状后不久,即出现奇痒,无休止地舐舔患部,使皮肤变红、擦伤。严重的病牛,用力制止亦无效果。体温 40℃ 以上。当病毒侵入延髓时,表现为咽麻痹,流涎,用力呼吸,心跳不规则,磨牙,吼叫,痉挛死亡。一直到死前仍有知觉,有的病牛发病后数小时即死亡,不表现痒觉。

本病无药物治疗方法,紧急情况下用高免血清治疗,以降低死亡率。灭鼠是避免或减少本病发生的重要一环。牛发病后要及时隔离,并消毒被污染的环境。注射疫苗,可增强牛对该病的抵抗力。

☞ *14.* 牛恶性卡他热是如何发生的?

该病是牛的一种病毒性传染病。其主要特征是持续发热,口腔黏膜发炎和眼的损害,多伴有严重的神经症状,病死率很高,能达到60%~90%。1~4岁的牛较易感,老牛发病的少见。一年四季均可发生,多见于冬季和早春。

☞ *15.* 牛恶性卡他热有何临床表现?

潜伏期为4~20周或更长,牛患病初期,体温突然升到41~42℃,食欲废绝、反刍停止,精神沉郁,站立困难。结膜潮红、肿胀、流泪,角膜混浊、溃疡。鼻黏膜充血,分泌物混有纤维素膜,并散发恶臭。呼吸困难,咳嗽。口腔黏膜有坏死,流出发臭的口水。先便秘后腹泻,粪便呈水样,混有假膜、组织碎片和血液。体表淋巴结肿大,肌肉发抖,后期常伴有脑炎症状,表现为兴奋不安或麻痹。病牛有的以眼睛病变和头部黏膜发炎为主,有的则以胃肠炎症状为主。最急性牛在1~3d内死亡。

☞ *16.* 如何防治牛恶性卡他热?

无特效治疗方法,也无免疫预防的疫苗。主要是加强饲养管理和牛舍卫生,平时注意搞好消毒。对患畜实施对症治疗,如头部冷敷;用0.1%高锰酸钾冲洗病牛的眼睛和鼻腔;用磺胺类药物或抗生素防止继发感染;强心补液等。

☞ *17.* **犊牛轮状病毒腹泻是如何发生的？有何临床表现？**

该病是由轮状病毒引起的腹泻,病牛和隐性感染牛是传染源。主要是经口感染,多在早春、晚秋、冬季、气候骤变和卫生条件差的情况下发生。本病多发于 1 周龄以内的犊牛,潜伏期 1～4 d。病犊体温正常或略升高,精神委顿,厌食和拒食。很快腹泻,粪便呈黄白色水样,有时混有黏液甚至血液。腹泻时间越长,脱水越严重。病死率可达50%以上,病程 1～8 d。

☞ *18.* **如何预防牛轮状病毒腹泻？**

加强孕牛的饲养管理,增强母牛和犊牛的抵抗力。据报道牛轮状病毒弱毒疫苗免疫母牛,通过初乳抗体保护小牛,有一定效果。

☞ *19.* **如何防治牛细小病毒感染？**

该病是由细小病毒引起的一种传染病。病牛和带毒牛是传染源。病毒经粪便排出,污染环境,经口传播。病毒也能通过胎盘感染胎儿,造成胎儿畸形、死亡和流产。怀孕母牛感染后,主要病变在胚胎和胎儿。胚胎可死亡或被吸收,死亡的胚胎随后发生组织软化,胎儿表现充血、水肿、出血、体腔积液、脱水(木乃伊化)等病变。试验性感染新生犊牛,24～48 h 即可引起腹泻,呈水样,含有黏液。剖检病死犊,尸体消瘦,脱水明显,肛门周围有稀粪。病变主要是回肠和空肠黏膜有不同程度的充血、出血或溃疡,口腔、食道、真胃、盲肠、结肠和直肠也可见水肿、出血、糜烂性变化,肠系膜淋巴结肿大、出血,有的出现坏死灶。

隔离病牛,搞好牛舍和环境卫生,平时注意消毒,防止感染。本病目前还无疫苗用于预防注射。采取对症疗法,补液,给予抗生素或磺胺类药物控制继发感染。

☞ *20*. 如何防治牛溃疡性乳头炎?

牛溃疡性乳头炎又称牛疱疹性乳头炎,是牛的一种病毒性皮肤病。以乳头和乳房皮肤发生溃疡为其临床特征。病原体是牛疱疹病毒 2 型。在抗原性上与牛传染性鼻气管炎病毒(牛疱疹病毒 I 型)有区别,但与人的疱疹病毒有共同的抗原性。

诊断要点:

(1)流行特点:本病国内外均有发生,以初产母牛多发。病牛和带毒牛为传染源,病毒大量存在于病变部。多数人认为通过挤乳而传播,也有人认为与吸血昆虫有关。

(2)临床症状:潜伏期 3~7 d。病牛的主要表现为乳头或乳房皮肤上形成溃疡。开始乳头皮肤肿胀,继而患病部位皮肤表面变软、脱落,形成不规则的深层溃疡,有疼痛,不久结痂,经 2~3 周后愈合。部分病牛可发生乳房炎和淋巴结炎。许多牛可发生隐性感染。

(3)实验室检查:组织学检查,可发现融合细胞和核内包涵体等特征性变化,用荧光抗体染色,更易确诊。也可进行病毒分离培养或电镜观察。

防治措施:

(1)治疗:可用氧化锌、硼酸、抗生素软膏涂抹患部,促使愈合和防止继发感染。

(2)预防:防止引入传染源,加强饲养管理,防止吸血昆虫侵袭。发现病牛,及时隔离治疗。

☞ *21*. 犊牛大肠杆菌病是如何发生的?

犊牛大肠杆菌病又称犊牛白痢,是由一定血清型的大肠杆菌引起的一种急性传染病。大肠杆菌广泛地分布于自然界,可随乳汁或其他食物进入新生犊牛胃肠道,当其抵抗力降低或发生消化障碍时,均可引起发病。主要经消化道感染,子宫内感染和脐带感染也有发生。本病多发生于 2 周龄以内的新生犊牛。犊牛出生后不喂初乳或初乳喂量不足,母牛体弱,营养不良,矿物质、维生素不足与缺乏,犊牛舍狭窄,牛只密度过大,牛舍阴暗潮湿,阳光不足,防寒条件差,犊牛受寒感冒,以及断脐消毒不严等均可诱发本病。

☞ *22*. 犊牛大肠杆菌病有什么表现?

犊牛大肠杆菌病临床表现可分为 3 种类型:

(1)败血型:也称脓毒型。潜伏期很短,仅数小时。主要发生于产后 3 d 内的犊牛;大肠杆菌经消化道进入血液,引起急性败血症。发病急,病程短。表现体温升高,精神不振,不吃奶,多数有腹泻,粪似蛋白汤样,淡灰白色。四肢无力,卧地不起。多发生于吃不到初乳的犊牛。败血型发展很快,常于病后 1 d 内死亡。

(2)中毒型:也称肠毒血型,此型比较少见。主要是由于大肠杆菌在小肠内大量繁殖,产生毒素所致。急性者未出现症状就突然死亡。病程稍长的,可见典型的中毒性神经症状,先不安、兴奋,后沉郁,直至昏迷,进而死亡。

(3)肠炎型:也称肠型,体温稍有升高,主要表现腹泻。病初排出的粪便呈淡黄色,粥样,有恶臭,继则呈水样,淡灰白色,混有凝血块、血丝和气泡。严重者出现脱水现象,卧地不起,全身衰弱。如不及时治疗,常因虚脱或继发肺炎而死亡。个别病例也会自愈,但以后发育迟缓。

☞ 23. 如何防治犊牛大肠杆菌病?

预防措施:

(1)养好妊娠母牛:改善妊娠母牛的饲养管理,保证胎儿正常发育,产后能分泌良好的乳汁,以满足新生犊牛的生理需要。

(2)及时饲喂初乳:为使犊牛尽早获得抗病的母源抗体,在产后30 min内(至少不迟于1 h)喂上初乳,第一次喂量应稍大些。

(3)保持清洁卫生:产房要彻底消毒,接产时,母畜外阴部及助产人员手臂用1%～2%来苏儿清洗消毒。严格处理脐带,应距腹壁5 cm处剪断,断端用10%碘酊浸泡1 min或灌注,防止因脐带感染而发生败血症。要经常擦洗母牛乳头。

治疗措施:本病的治疗原则是抗菌、补液、调节胃肠机能和调整肠道微生态平衡。

(1)抗菌:可用土霉素、链霉素或新霉素。内服的初次剂量为30～50 mg/kg体重。12 h后剂量可减半,连服3～5 d。或以10～30 mg/kg体重的剂量肌肉注射,每天2次。

(2)补液:将补液的药液加温,便之接近体温。补液量以脱水程度而定。当有食欲或能自吮时,可用口服补液盐。口服补液盐处方:氯化钠1.5 g,氯化钾1.5 g,碳酸氢钠2.5 g,葡萄糖粉20 g,温水1 000 mL。不能自吮时,可用5%葡萄糖生理盐水或复方氯化钠液1 000～1 500 mL,静脉注射。发生酸中毒时,可用5%碳酸氢钠液80～100 mL。注射时速度宜慢。

如能配合适量母牛血液更好,皮下注射或静脉注射,一次150～200 mL,可增强抗病能力。

(3)调节胃肠机能:可用乳酸2 g、鱼石脂20 g、加水90 mL调匀,每次灌服5 mL,每天2～3次。也可内服保护剂和吸附剂。有的用复方新诺明,每千克体重 0.06 g,乳酸菌素片 5～10 片、食母生 5～10 片,混合后一次内服,每天 2 次,连用 2～3 d。

(4)调整肠道微生态平衡:待病情有所好转时,可停止应用抗菌药,内服调整肠道微生态平衡的生态制剂。例如,促菌生 6～12 片,配合乳酶生 5～10 片,每天 2 次;或健复生 1～2 包,每天 2 次;或其他乳杆菌制剂。使肠道正常菌群早日恢复其生态平衡,有利于早日康复。

☞ 24. 牛李氏杆菌病是如何发生的?

本病是一种由单核球增多性李氏杆菌所致的人畜共患传染病,主要表现为脑炎。本菌可以感染绵羊、山羊、奶牛、黄牛及各种实验动物等大约 50 余种的动物,人亦可被感染。而且由于感染动物的品种、年龄、性别及感染途径不同,除脑炎症状外,还可以引起脊髓炎、心内膜炎、败血症、流产、肿瘤等。患病动物和带菌动物是主要传染源,其分泌物和排泄物可污染饲料、饮水及青贮饲料等,经消化道、呼吸道、眼结膜及皮肤损伤等途径感染。饲料和饮水是主要的传染媒介。

☞ 25. 牛李氏杆菌病有什么表现?

病初患牛突然出现食欲废绝,精神沉郁,呆立,低头垂耳,轻热,流涎,流鼻液,流泪,不随群行动,不听驱使的症状。不久就出现头颈一侧性麻痹和咬肌麻痹,该侧耳下垂、眼半闭,乃至丧失视力,沿该方向旋转或作圆圈运动,遇障碍物,则以头抵靠不动。颈项强硬,有的呈现角弓反张。由于舌和咽麻痹,水和饲料都不能咽下。有时于口颊一侧积聚多量没嚼烂的草料,可见大量持续性的流涎,出现严重的鼻塞音。最后倒地不起,发出呻吟声,四肢呈游泳样动作,死于昏迷状态。病程短的 2～3 d,长的 1～3 周或更长。犊牛除脑炎症状外,有时呈急性败血症,主要表现为发热、精神沉郁、虚弱、消瘦及下痢等。

☞ *26.* **如何防治牛李氏杆菌病？**

早期大剂量地应用青霉素、土霉素或磺胺嘧啶钠可能有效，但病牛出现神经症状时，则难以奏效，平时主要杀虫灭鼠，不喂变质青贮饲料。发现病牛（或其他畜禽）应立即隔离、消毒。

☞ *27.* **牛弯曲杆菌性腹泻有什么表现？**

本病的潜伏期为 2～3 d。一般多突然发病，特征症状是排水样稀粪。传染性强，牛群常在一夜之间便有 20％牛发生腹泻，并于 2～3 d 内波及 80％的牛群。病牛粪便呈棕黑色，有腥臭味，粪中常伴有血液和血凝块。除少数严重病例外，多数病牛体温、食欲无明显变化。乳牛产乳量明显下降 50％～95％。大多数病牛于 3～5 d 内恢复，很少死亡。腹泻停止后 1～2 d，产乳量逐渐回升。犊牛病初体温升高至 40.5℃，腹泻物呈黄绿色或灰褐色，2～3 d 后粪便中出现大量黏液和血液，后期呼吸困难，可于发病后 3～7 d 死亡。

☞ *28.* **如何防治牛弯曲杆菌性腹泻？**

严格执行兽医卫生防疫措施，除对病牛进行积极治疗外，还要控制传染源并切断传播途径，如加强对粪便、垫草的清理及无害化处理，对流行地点严格消毒等。加强屠宰场的卫生管理，尽量防止胴体被细菌污染。

主要采用抗生素进行治疗，常用的药物有复方新诺明、四环素、庆大霉素、氟哌酸等。疗程为 3～5 d，一般用药后 3 d 左右可见效果。

对症治疗可口服肠道防腐剂及收敛药物。为改善失水，补充电解质，可应用葡萄糖生理盐水进行静脉注射。

☞ 29. 牛传染性鼻气管炎是如何发生的？

该病又称牛病毒性鼻气管炎,也称为红鼻病,是牛的一种急性接触传染的上呼吸道疾病。病原为牛传染性鼻气管炎病毒,又称牛疱疹病毒Ⅰ型。病牛和带毒牛是主要传染源,通过空气由呼吸道传播。种公牛精液带毒,可通过交配感染母牛。该病主要感染肉牛和奶牛,尤其是20～60日龄的犊牛最易感。病死率也高。多发于寒冷季节,特别是当牛只的饲养密度过大时,更易发病。

☞ 30. 牛传染性鼻气管炎有何临床表现？如何防治？

症状:潜伏期为4～6 d。主要表现为脑膜脑炎型、呼吸道型、生殖道型。

(1)脑膜脑炎型:主要见于6月龄内的犊牛,体温升高达40℃以上。病犊沉郁,随后兴奋,步态不稳,可发生惊厥、倒地、磨牙、角弓反张、四肢划动。病程2～7 d,多数死亡。

(2)呼吸道型:寒冷月份多见,主要侵害呼吸道。高热达39.5～42℃,高度沉郁,食欲废绝,鼻黏膜高度充血,有溃疡,鼻窦及鼻盘发炎、红肿,鼻孔外有黏性鼻液,病牛呼吸困难,眼结膜发炎,流泪。乳牛产奶减少或停止。病程多数在10 d以上,严重的可导致死亡。牛群发病率可达75%以上,但病死率在10%以下。

(3)生殖道型:由交配引起,母牛的潜伏期为1～3 d,除了发热、沉郁、食欲减少等一般症状外,主要见阴道发炎,阴道底面和外阴见黏稠无臭的黏液。阴门黏膜上有白色小病灶,逐渐发展成脓疱,脓疱破裂坏死,形成坏死膜,膜下是发红的表皮。一般经10～14 d痊愈。公牛的潜伏期为2～3 d,轻的仅生殖道黏膜充血,1～2 d就恢复;严重的包皮和阴茎上出现脓疱,包皮肿胀和水肿,经10～14 d痊愈。

防治:缺少有效的治疗方法,非疫区奶牛场出现疫情后,可采取封锁、检疫,扑杀病牛和感染牛,未被感染的紧急预防接种,同时严格消毒等方法控制疫情。老疫区应隔离病牛,立即消毒牛舍,并用抗生素或磺胺类药物,防止继发感染,同时对症治疗。疫区和受威胁奶牛场应定期免疫。

☞ 31. 牛炭疽病是如何发生的?

该病是由炭疽杆菌引起的传染病,常呈败血症。本病的传染源是病畜和其他带菌动物,属人兽共患病。细菌在不良条件下可形成芽孢,在土壤、牧场中的芽孢可存活 50 年以上。因此,被病原污染的土壤、牧场可成为永久性疫源地。夏季雨水多时,将病尸遗骸冲出,引起本病在一定范围内散发或流行。牛炭疽主要经消化道感染,吸血昆虫叮咬也可传播,动物产品如羊毛、皮张上的炭疽芽孢飘浮在空气中,也可引起吸入性感染。

☞ 32. 牛炭疽病有何临床表现?

潜伏期 1~5 d。根据病程,可分为最急性型、急性型、亚急性型。

(1)最急性型:病牛突然昏迷、倒地,呼吸困难,黏膜青紫色,天然孔出血。病程为数分钟至几小时。

(2)急性型:体温达 42℃,少食,呼吸加快,反刍停止,产奶减少,孕牛可流产。病情严重时,病牛惊恐、哞叫,后变得沉郁,呼吸困难,肌肉震颤,步态不稳,黏膜青紫。初便秘,后可腹泻、便血,有血尿。天然孔出血,抽搐痉挛。病程一般 1~2 d。

(3)亚急性型:在皮肤、直肠或口腔黏膜出现局部的炎性水肿,初期硬,有热痛,后变冷而无痛。病程为数天至 1 周以上。

☞ *33.* 如何预防牛炭疽病？

经常发生炭疽的地区,养殖场应对牛群进行预防注射。未发生过本病的地区在引进奶牛时要严格检疫。病牛尸体要焚烧、深埋,严禁食用;对病牛污染环境可用20%漂白粉彻底消毒。疫区应封锁,疫情完全消灭后14 d才能解除封锁。

☞ *34.* 牛恶性水肿是如何发生的？有何临床表现？

该病是由梭菌属病菌引起的一种急性、热性、创伤性传染病。病原主要是腐败梭菌,该菌在自然界分布广泛,土壤、动物消化道都有存在,可在体外形成芽孢。各种年龄、性别、品种的牛都可发病,常发生于分娩、去势、外伤之后,呈散发性流行。

潜伏期1~5 d,在创伤周围发生水肿,初坚实热痛,后变柔软且无热痛,按压有捻发音。切开患部有红棕色液体流出,混有气泡,有腐臭味。严重者全身发热,呼吸困难,脉搏细而快,可视黏膜充血、发绀,有时腹泻。由分娩受伤感染者,阴户水肿,阴道出血,流出带有臭味的褐色液体;肿胀迅速波及会阴、乳房、下腹乃至股部,此时患牛运动障碍,垂头弓背,呻吟,通常经2~3 d死亡。

☞ *35.* 如何防治牛恶性水肿？

平时注意防止外伤,一旦发生外伤要及时清创与消毒;发生本病时,应隔离治疗,早期对患部进行冷敷,后期可手术切开,消除腐败组织和渗出液,用1%~2%高锰酸钾水或3%双氧水充分冲洗,然后撒上磺胺粉,必要时用浸有双氧水的纱布引流,同时肌肉注射青霉素、链霉素。污染的圈舍和场地随时用10%漂白粉或3%火碱溶液消毒,烧毁粪便和垫草,治疗时要做好个人防护。

☞ **36.** **牛气肿疽是如何发生的？有何临床表现？**

该病俗称"黑腿病",是由气肿疽梭菌引起牛的急性、热性、败血性传染病。以肌肉丰满的部位(尤其是股部)发生黑色的气性肿胀,按压有捻发音为特征。该病在自然情况下主要侵害黄牛,尤其是 2 岁以内的小牛更多发。病牛是主要传染源。可因采食污染芽孢的土壤、草料和饮水经消化道感染,皮肤创伤和吸血昆虫叮咬也能传播。

潜伏期 3～5 d。常突然发病,体温升高到 41～42℃。精神沉郁,食欲废绝,反刍停止,出现跛行,不久在臀、肩等肌肉丰满的部位发生气性炎性水肿,并迅速向四周扩散;初有热痛,后变冷且无知觉,皮肤干燥、紧张、紫黑色,叩之如鼓,压之有捻发音;肿胀部破溃或切开后,流出污红色带泡沫的酸臭液体。呼吸困难,脉搏细速。随着病情加重,全身症状恶化,如不及时治疗,最后卧地不起死亡。病程多为 1～2 d。

☞ **37.** **如何治疗牛气肿疽？**

该病发病急、病程短,必须及早治疗,并大剂量使用抗菌药物,才能见效。常用方法有如下几种:

(1)青霉素肌肉注射,每次 200 万 U,每天 2～4 次。

(2)早期在水肿部位的周围,分点注射 3％双氧水或者 0.25％普鲁卡因青霉素。也可以用 1％～2％的高锰酸钾溶液适量注射。

(3)四环素 2～3 g,溶进 5％葡萄糖液 1 000～1 200 mL,静脉注射,分 2 次注射,每天 2 次。

(4)10％磺胺噻唑钠 100～200 mL,静脉注射。

(5)10％磺胺二甲基嘧啶钠注射液 100～200 mL,静脉注射,每天 1 次。

(6)病程中、后期,把水肿部切开,剔除坏死组织,用2％高锰酸钾溶液或3％双氧水充分冲洗,或者用上述药物在除去的水肿部位周围分点注射。

(7)如配合静脉注射抗气肿疽血清,效果更好。抗气肿疽血清的用量为一次注射150～200 mL。

(8)可根据全身状况,对症治疗,如解毒、强心、补液等。

☞ *38*. 如何预防牛气肿疽?

(1)在近3年内发生过牛气肿疽的地区,每年春、秋季节都要接种气肿疽明矾菌苗或者接种气肿疽甲醛苗,无论大、小牛一律皮下注射5 mL,小牛长到6个月时再加强免疫一次,仍皮下注射5 mL。

(2)一旦发生本病,要对牛群逐头进行检查,对病牛或者可疑牛都要就地隔离治疗。而对其他牛则要及时接种气肿疽明矾菌苗或者气肿疽甲醛苗。

(3)对发病区的正常牛用抗气肿疽血清或者抗生素进行预防治疗。

(4)病死的牛不准食用,要同被污染的粪、尿、垫草、垫土等一起烧毁或者深埋。

(5)病牛舍及场地要用20％的漂白粉溶液或者3％的福尔马林溶液消毒。

☞ *39*. 如何防治牛破伤风?

该病是由破伤风梭菌经伤口感染所引起的急性传染病。病畜和带菌畜是传染源,通过粪便和伤口向外排菌,细菌在土壤中可形成芽孢。牛在手术、穿鼻环、打耳号、断角、去势、分娩,以及在顶架发生外伤时,可引起感染。多呈散发,发病率低,但病死率高。

潜伏期一般为1～2周,最短为1 d,长的可达数月。病牛兴奋不安,头向前伸,鼻孔外翻,双耳竖起,两眼圆睁,眼瞬膜外露,牙关紧闭,尾根上举。瘤胃鼓气,呼吸困难,脉搏细弱,心脏节律不齐。对外界的声响、人和动物变得敏感。在行走时迈步僵硬,转弯困难,跌倒后不易站起。

在经常发生牛破伤风的地区,养殖场每年要定期给奶牛注射精制破伤风类毒素,平时要注意防止奶牛的外伤,做手术和进行打耳号等操作时,要搞好消毒。

一旦发病,早期可用破伤风抗毒素100万 U,皮下、肌肉或静脉注射。如能发现伤口,应清创、扩创,并用3％双氧水彻底消毒,配合青霉素、链霉素进行创口周围注射。同时要加强护理,对症治疗。

☞ 40. 如何防治牛坏死杆菌病?

该病是由坏死杆菌引起的一种慢性传染病。病牛和其他病畜、带菌畜为传染源,但很少能造成直接接触感染。主要传播方式为病菌从发病部位进入周围环境,广泛分布在牧场、饲养场的土壤、沼泽中,经损伤的皮肤和黏膜引起其他牛发生感染。当牧场低洼,圈舍潮湿,饲料中钙磷缺乏,维生素不足时,有利于本病的发生。

潜伏期一般为1～3 d。成年牛病初喜欢趴卧,病肢不敢负重,检查蹄部、敲击蹄壳或按压病部出现疼痛;清理蹄底,可发现有小孔或创洞,内有腐烂的组织和臭水;病程长可见蹄壳变形或蹄匣脱落。犊牛病初发热,厌食,流口水和鼻液,口腔黏膜红肿。在齿龈、舌、上颚、颊、咽部等部位,有一层伪膜覆盖,灰褐色或灰白色,粗糙不洁,强行撕去,露出溃疡面,有出血,形状也不规则。可见吞咽困难和呼吸困难,有时可见肺炎、脐炎、腹膜炎以及皮肤、乳房、会阴等处皮肤坏死。病程3～4 d,也可能延长,严重的可死亡。

预防:加强管理,定期护蹄,防止蹄部感染。

治疗:除去坏死组织,涂上磺胺软膏等抗菌药,对症治疗。

☞ **41. 牛巴氏杆菌病是如何发生的？**

该病又称出血性败血症,简称牛出败,是由多杀性巴杆菌引起的。病牛和带菌牛是主要传染源,其分泌物和排泄物中含有病菌,可污染饲料、饮水、空气,健康牛经消化道、呼吸道、破损的皮肤感染,吸血昆虫叮咬也可传播该病。健康牛上呼吸道也有巴氏杆菌,当突然受寒冷袭击,或其他因素导致抵抗力降低时,也能发生自体感染。

☞ **42. 牛巴氏杆菌病有何临床表现？如何防治？**

潜伏期 2～5 d,根据病状分为败血型、浮肿型、肺炎型。

(1)败血型:高热(40～41℃),腹痛、下痢、粪便恶臭带血,有时鼻孔和尿中带血。多在 12～24 h 死亡。

(2)浮肿型:头颈和胸前发生水肿,外形显著失常。重者肛门、生殖器官及腿部也有水肿,甚至蔓延到身体其他部位。水肿处,开始时热、痛、硬,后变凉,疼痛减轻,指压有压痕。同时,口腔黏膜红肿、舌肿大,吞咽和呼吸困难,最后因窒息而死亡,病程 12～36 h。

(3)肺炎型:主要呈纤维素性胸膜肺炎症状,便秘,有时下痢,并混有血液,病程长的一般 3 d 或 1 周左右。

治疗:可用高免血清治疗,效果良好。青霉素、链霉素、四环素族抗生素或磺胺类药物均有一定的疗效。如将抗生素和高免血清联用,则疗效更佳。

预防:平时要加强饲养管理,增强机体抵抗力,避免拥挤和受寒,注意日粮的全价营养,消除发病诱因,养殖场内圈舍、围栏要定期消毒。流行地区,每年要对奶牛进行预防注射。

☞ 43. 如何防治牛沙门氏菌病?

该病又称牛副伤寒,是由沙门氏菌引起的多种动物共患的一种传染病。病畜和带菌畜是主要传染源,从粪、尿、乳、流产胎儿、胎衣、羊水排出细菌,污染环境。经消化道、交配、子宫内感染,犊牛在出生后30～40 d 最易感,而成年牛容易在夏季放牧时发病。潜伏期1～3周。犊牛发病,体温升高至 40～41℃,食欲不振,经 2～3 d 出现胃肠炎症状,拉出黄色或灰黄色的稀便,恶臭,带有纤维素,有时混有伪膜,有的可见咳嗽和呼吸困难。一般在出现症状后5～7 d 内死亡。出生时已经感染的犊牛,常在生后48 h 内拒吃奶,喜卧,迅速衰竭,常在 4～5 d 死亡。成年牛发病,多为散发,发热达 40～41℃,精神沉郁,食欲不振,产奶量减少。严重的出现昏迷,食欲废绝,呼吸困难,迅速衰竭。多数牛病后12～24 h,在粪便中出现血块,很快下痢,恶臭,也可见纤维素和伪膜。孕牛可发生流产。病牛常 3～5 d 内死亡。

治疗:应用土霉素、磺胺类药有效。

预防:加强饲养管理,保持养殖场良好卫生状况,饲料、饮水要清洁,必要时可用抗生素添加剂。在发病牛群,可给犊牛注射副伤寒疫苗。

☞ 44. 什么是牛结核病? 该病是如何流行的?

该病是由结核分枝杆菌引起的一种人兽共患的慢性传染病。结核分枝杆菌共有 3 种类型,即人型、牛型和禽型。牛结核病主要由牛型结核杆菌引起,也可由人型结核杆菌引起。牛型结核杆菌可感染人,也能使其他家畜致病。禽型结核杆菌也可感染牛和人。所以本病具有重要的公共卫生意义。

病畜是牛结核病的传染源。有肺结核的病牛,特别是"开放性"

肺结核病牛,可通过呼吸道排菌;发生肠结核的,经粪便排出病菌;乳房结核的,病菌主要存在于奶中。病原菌污染饲料、饲草、饮水、牛奶、周围环境,健康牛可通过呼吸道、消化道感染,也可通过交配造成传播。成年牛主要发生肺结核,犊牛发病则以肠结核为主。饲养密度大,卫生条件差,管理不当的牛群,易发本病。

☞ *45.* 牛结核病有何临床表现?

该病潜伏期为 16～45 d,有的可达数月以上。病牛易疲劳,逐渐消瘦、贫血,常出现短而干的咳嗽,以早晨多发,吸入冷空气也容易发生。病牛的体表淋巴结可见肿大,当机体消瘦后更明显,常见于颌下、腮腺、颈部、肩前、股前淋巴结等。犊牛肠结核表现为食欲不好,消化不良,腹泻,消瘦,生长发育差。乳房结核可见乳房淋巴结肿大,无热、无痛,泌乳减少,乳汁稀薄如水样。此外,生殖器官也可发生结核,引起母牛发情紊乱和流产,引起公牛附睾肿大,阴茎出现结节和糜烂。若病牛出现脑和脑膜结核,则出现神经症状。

☞ *46.* 如何预防牛结核病?

应采取严格的措施来预防,养殖场在引种时要做检疫工作,防止引进病牛。每年应用结核菌素进行检疫,彻底淘汰阳性牛和病牛。做好消毒工作,用 10%漂白粉溶液、5%来苏儿溶液或 20%石灰水进行经常性消毒。

☞ *47.* 如何防治牛副结核病?

该病又称牛副结核性肠炎,是由副结核分枝杆菌引起的一种慢性传染病。病牛和隐性感染牛是传染源,其粪便中可排出大量病菌,从尿和奶中也能排菌,污染草料、饮水。主要通过消化道感染,通过子宫也可造成胎儿发病。奶牛对该病最易感,呈散发或地方性流行。潜伏期6个月到1年,甚至更长。一般犊牛感染后,到2～5岁时才出现症状。早期的明显症状是间断性腹泻,以后可持续性腹泻。粪便稀薄,带有气泡和血凝块。随着疾病的进展,食欲和精神变差,喜欢躺卧,产奶减少并逐渐停止。皮肤干燥,被毛粗乱。一般经3～4个月,病牛死于极度衰竭。死亡率可达10%。

本病目前尚无特效治疗药物和治疗方法,预防本病则不要从疫区购入牛羊,加强检疫,对病牛进行扑杀和无害化处理。对病牛污染场所用生石灰和来苏儿等消毒药物进行彻底消毒。弱毒菌苗有良好的预防效果,免疫期可达48个月。

☞ **48. 牛布鲁氏菌病是如何发生的?**

该病是由布鲁氏菌引起的一种人畜共患慢性传染病。家畜以牛、羊最易感。主要侵害生殖系统和关节,母牛表现为流产,公牛表现为睾丸炎。

病畜和带菌动物是主要传染源。病原菌可随同流产胎儿、胎衣、羊水、子宫渗出物、精液、乳汁、脓汁排出体外,污染饲草、饲料、饮水和周围环境,经消化道、交配、损伤和未损伤的皮肤引起感染,吸血昆虫也能传播该病。

☞ **49. 牛布鲁氏菌病有何临床表现? 如何预防?**

潜伏期14～120 d。孕牛的主要症状是流产,常在第一胎怀孕6～8个月时发生。流产前数天,可见阴唇、乳房肿大,乳汁呈初乳的性状。流产时,胎水多清朗,有时混有絮片。流产后,胎衣有的能排出,更多的是发生胎衣滞留,有恶臭,恶露在1～2周后消失。胎衣滞留可引起子宫内膜炎,造成长期不孕。公牛的主要症状是阴茎红肿,有睾丸炎和附睾炎,可见附睾和睾丸肿胀、疼痛。公牛和母牛都可发生关节炎。

预防:养殖场在引进牛只时,一定要做好检疫,防止引入患病牛和隐性感染牛。在有本病发生的区域,可对养殖场奶牛群用布鲁氏菌疫苗进行免疫。对于曾发现病牛的牛群坚持进行检疫,每年至少两次,及时淘汰病牛和阳性牛。

☞ 50. 牛放线菌病是如何发生的?有何临床表现?

该病是由放线菌引起的一种慢性传染病。家畜中以牛较常发病。该病原正常时可以存在牛的口腔和小肠内,也存在于被污染的土壤、饲料和饮水中。当皮肤或黏膜损伤时,如给牛喂大麦穗、麦秸等时,刺伤牛的口腔黏膜,病菌可乘机进入引起感染。外伤时或注射消毒不好时,也能造成感染,引起特殊性肉芽肿的形成。当伴发化脓菌感染时,组织迅速崩解化脓,形成脓肿或破溃。

本病多发于2~5岁的牛。特别在换牙的时候容易发生。通常呈散发性。病牛的上颌骨、下颌骨肿胀,但以下颌骨多见,界线比较清楚。一般病变进展很慢,要经过半年到1年多,才形成一个隆起的坚实硬块。但有的时候肿胀发展迅速,很快波及整个头骨。肿胀的局部初期疼痛,敏感,发热,后期没有痛感。由于颌骨变形,牙齿异位,牙齿脱落,不能咬合,病牛很快消瘦。打开口腔,可见舌黏膜和口腔黏膜破溃,有时化脓。皮肤破溃,化脓,可见大量脓汁排出,排脓的瘘管长期不愈。

☞ 51. 如何防治牛放线菌病?

预防:搞好养殖场圈舍卫生,保持食槽、栏杆、围墙光滑,防止损伤皮肤。饲喂干草、谷糠等粗纤维时,最好先用水泡软,以免扎伤口腔黏膜。手术或注射时,要做好消毒工作。由于目前尚无预防本病的疫苗,早发现,早治疗,显得尤为重要,晚期治疗效果差,应及时淘汰。

治疗:常用药物青霉素(200万U)和链霉素(200万U)合用,在肿胀部位周围分多点注射,每天一次,连续数天。红霉素3～5 mg/kg体重,一次静脉或肌肉注射。异烟肼(雷米封)1～3 g,配合链霉素使用,每天分3次口服。

☞ *52.* 如何防治犊牛梭菌性肠炎?

该病是由产气荚膜梭菌(魏氏梭菌)引起的急性传染病。犊牛和小牛最易感。病牛和带菌牛是传染源,从粪便排出的病菌污染饲料、饲草、饮水等,主要经消化道,也可通过皮肤上的破损伤口引起健康犊牛感染。

本病潜伏期极短,最急性型的,体况很好,没有任何病象突然死亡。有的病犊神经症状比较明显,表现为定向障碍、跳跃、转圈、高叫、口流泡沫,很快死亡;也有的表现为沉郁,食欲减退,跟不上群,黏膜青紫,腹泻、腹痛,粪便中带血,倒地死亡。

预防:在本病流行的地区,可对犊牛用产气荚膜梭菌的类毒素进行免疫。一般注射后,间隔2～4周再注射一次。在犊牛饲料中添加金霉素或土霉素,剂量为每千克饲料中添加2 mg,有较好的预防效果。

治疗:犊牛一旦发病,应及时抢救,在病初迅速对症治疗,特别是静脉注射高免血清20～50 mL,有较好疗效。在症状明显后,治疗往往无效。

☞ *53.* 牛钱癣是如何发生的? 有何临床表现?

该病是由某些真菌引起的一种慢性皮肤病。病牛是传染源,主要通过病牛和健康牛的直接接触而传染,也能经饲槽、牛栏、刷拭用具、饲养人员等间接传播。任何品种、性别、年龄的牛都可感染,犊牛尤其易感。气温高、湿度大,饲养密度大,舍饲牛最容易发病,秋、冬季严重。

病变主要出现在头部(如眼睑、口周围、面部),有时也见于颈部和躯体上。开始出现些小结节,结节上附着皮屑,逐渐扩大呈圆形的斑,突起,灰白色,有痂皮,痂皮上有少量断毛。癣痂小的像铜钱大,大的像核桃或更大。这种痂皮在1~2个月后自然脱落,留下秃斑,以后可以再长出新毛,有的癣斑也可互相融合成大片状。病牛表现剧痒,有触痛,常常摩擦,有时引起皮下出血,减食,消瘦。

☞54. 如何防治牛钱癣?

预防:加强饲养管理,改善卫生状况,适当降低舍饲密度。发现病牛,立即隔离,对牛群进行检疫。环境要彻底消毒,圈舍可用2%热氢氧化钠、0.5%过氧乙酸、3%来苏儿等喷洒或熏蒸消毒。

治疗:局部剪毛,用温水或肥皂水洗净病变处,除去痂块,用抗真菌药物或软膏治疗。如硫酸铜25 g,凡士林油75 g,混合制成软膏,每5 d涂擦一次,两次即有效。此外,还可用10%萘软膏、萘酚软膏,焦油软膏,或10%碘酊外用,治疗效果也不错,一般2~3周可治愈。

☞55. 牛附红细胞体病是如何发生的? 有何临床表现?

该病是由附红细胞体引起的一种传染病。附红细胞体是一种多形态的致病微生物,属于立克次氏体,呈环形、球形、卵圆形等形态,附着在红细胞上或存在于血浆中。病牛和带菌牛是传染源,其主要传播途径是吸血昆虫叮咬,血源性传播以及经胎盘传染给胎儿。当附红细胞体侵入机体后,迅速繁殖,进入外周血液,破坏红细胞。各种年龄的牛都可感染,发病集中在夏、秋季节。

病初症状不明显,仅表现为异食、口渴,黏膜呈黄白色。随着疾病的发展,体温升高,达 40～42℃,精神沉郁,呼吸、心跳加快,食欲降低,反刍减少。流涎,流泪,多汗,四肢乏力,步态不稳,严重的卧地不起。产奶减少,发生便秘或出现腹泻,尿血,孕牛可发生流产。病的后期,黏膜极度苍白,黄疸也明显,肌肉震颤,有的突然退烧后死亡。在血涂片中发现附红细胞体即可确诊。

☞ 56. 如何防治牛附红细胞体病?

预防:在夏、秋季节,消灭吸血昆虫,切断传播途径,有利于控制本病。在本病流行地区,于 5 月份发病前用贝尼尔或黄色素进行两次预防性注射,间隔 10～15 d,可防止本病的发生。

治疗:发病后病牛要隔离,精心饲养和护理。可选用贝尼尔、黄色素、四环素或土霉素进行治疗。贝尼尔,3～7 mg/kg 体重,用生理盐水配成 5% 的溶液,在深部肌肉分多点注射,每天一次,连用 2 d;黄色素,3～4 mg/kg 体重,用生理盐水配成 0.5%～1% 的溶液,缓慢静脉注射,必要时间隔 1～2 d,可再注射 1 次;四环素或土霉素 250 万～300 万 IU,一次静脉注射,每天两次,连用 2～3 d。此外,静脉注射葡萄糖、维生素 C 等有利于病牛恢复。

☞ 57. 如何防治牛钩端螺旋体病?

钩端螺旋体病是由一群致病性钩端螺旋体引起的人畜共患的自然疫源性急性传染病,特征为短期发热,黄疸,血红蛋白尿,出血,流产,皮肤和黏膜坏死。奶牛易感。病畜和带菌动物是主要传染源,由尿排出病原体,污染水源、土地、饲料等,经消化道或皮肤黏膜传染。吸血昆虫也可传染。

症状:

最急性型:多为犊牛。体温突然上升,呼吸心跳加快,结膜发黄,尿红色,腹泻,红细胞降至 100 万～300 万/mm³,1 d 内死亡。

急性型:病牛出现高热、黄疸、尿色暗且有大量白蛋白、血红蛋白和胆色素。皮肤干裂坏死或溃疡。发病 3～7 d,多死亡。

亚急性型:症状与急性型相似,泌乳减少或停止,乳汁变稠,色黄或混有凝血块,孕牛流产。病程 3～4 个月,其间有 3～4 次周期性出现发热,黄疸和血尿等症状。病牛消瘦,产奶下降。有的牛流产是唯一症状。

防治:消灭鼠类,隔离病牛和带菌者,切断传染源。常发地区应定期接种钩端螺旋体多价疫苗。治疗用抗生素有效,早治为好,剂量适当增加。

九、奶牛寄生虫病

☞ *1.* **牛胃肠道主要有哪些线虫寄生？**

牛胃肠道线虫病流行和分布极为广泛，病原体主要有蛔虫、捻转血矛线虫、指形长刺线虫、食道口线虫、仰口线虫、毛尾线虫（鞭虫）和夏伯特线虫等。

捻转血矛线虫和指形长刺线虫寄生于牛的皱胃；蛔虫成虫寄生于犊牛的小肠；仰口线虫寄生于牛的小肠（主要是十二指肠）；毛尾线虫、食道口线虫、夏伯特线虫寄生于大肠。

捻转血矛线虫虫体呈毛发状，因吸血而呈淡红色。雌虫长 27～30 mm，因白色的生殖器官环绕于红色含血的肠管周围，形成了红白线条相间的麻花样外观，故称捻转血矛线虫；指形长刺线虫与捻转血矛线虫外形相似，虫体略大一些；仰口线虫虫体呈乳白色或淡红色，头端向背面弯曲，雌虫长 24～28 mm；毛尾线虫乳白色，虫体前部呈毛发状，故又称毛首线虫，整个外形像鞭子，前部细像鞭梢，后部粗，像鞭杆，故又称鞭虫；食道口线虫，口囊呈小而浅的圆筒形，其外周为一显著的口领。口缘有叶冠。有或无颈沟，其前部的表皮可能膨大而形成头泡；夏伯特线虫较大，乳白色，前端稍向腹面弯曲。

☞ *2.* **牛胃肠道线虫病是怎样发生的？**

这些虫体在寄生部位发育成熟后，雌雄交配，雌虫产卵，卵随粪便排出体外，在外界适宜的环境条件下发育至感染性幼虫阶段（其中毛尾线虫是发育为感染性虫卵),然后经口或钻皮再进入牛的胃肠道,在相应的位置发育到成熟阶段,这些虫体有的吸食牛的血液,造成牛只消瘦、贫血、衰弱、死亡,有的在寄生部位形成结节,引起寄生部位黏膜损伤,造成消化紊乱,引起慢性消耗性疾病。

☞ 3. 牛胃肠道线虫病有哪些诊断要点?

牛胃肠道线虫病无特异性症状,可根据在当地的流行情况,患牛消瘦、贫血等症状,死后剖检在胃肠道找到虫体,进行综合判断。粪便检查可用饱和盐水漂浮法,但除毛尾线虫卵呈腰鼓形,棕黄色,具有诊断意义外,其他虫体的虫卵外形均较相似。

☞ 4. 如何防治牛胃肠道线虫病?

预防:一般春、秋季各进行一次预防性驱虫,注意放牧和饮水卫生,应避免在低湿地放牧;不要在清晨、傍晚或雨后放牧,尽量避开幼虫活跃的时间,以减少感染机会;加强饲养管理,合理补充精料,提高营养水平,尤其在冬春季节应合理地补充精料和矿物质,增强牛只自身的抵抗力;加强粪便管理,及时清除粪便,将粪便集中在适当地点进行生物热处理,以消灭虫卵和幼虫。

治疗:可用丙硫咪唑,按 10～15 mg/kg 体重,一次口服;左旋咪唑,按 6～10 mg/kg 体重,一次口服;甲苯咪唑,按 10～15 mg/kg 体重,一次口服;伊维菌素,按 0.2 mg/kg 体重,一次皮下注射或口服。

☞ 5. 牛蛔虫病是怎样发生的?

牛蛔虫病(亦称犊新蛔虫病)是由牛弓首蛔虫寄生于犊牛小肠内所引起的一种寄生虫病。牛弓首蛔虫,虫体粗大,淡黄色,头端具有

3片唇。

牛弓首蛔虫的成虫只寄生于6月龄以下的犊牛小肠内,以1~2月龄的犊牛受害最为严重,7月龄以上牛很少发生。雌虫所产虫卵随粪便排出体外,在外界适宜的条件下,发育为含第二期幼虫的感染性虫卵。感染性虫卵被母牛吞食后在小肠内孵化出第二期幼虫。幼虫穿过肠壁移行至肝、肺、肾等器官,在这些器官进行第二次蜕化,形成第三期幼虫,并仍在这些器官、组织中。当母牛怀孕8.5个月左右时,幼虫即移行至子宫,进入胎盘羊膜液中并在此进行第三次蜕化,形成第四期幼虫。第四期幼虫被胎牛吞入体内。犊牛出生后,幼虫在小肠内进行第四次蜕化,形成第五期幼虫,经25~31 d发育为成虫。成虫在犊牛的小肠内可寄生2~5个月,以后逐渐从宿主体内排出。幼虫在母牛体内移行时,还有一部分幼虫经循环系统到乳腺,犊牛可以因吸吮母乳而获得感染,在小肠内发育为成虫。饲养管理条件越差,犊牛感染率越高。在每年的2~5月间出生的犊牛以及在阴雨连绵的季节,犊牛弓首蛔虫的感染率、发病率和死亡率都很高。

☞ 6. 牛蛔虫病有哪些特点?

轻度感染时症状不明显,但中度及较严重感染者出现畜体消瘦虚弱,被毛粗乱无光泽,精神委顿或焦急不安,体温升高,咳嗽和呼吸困难。口腔有特殊臭味,后肢无力,站立不稳,走路摇摆。食欲不振,吮乳无力或停止吮乳,腹泻,排灰白色或黄白色稀粥样粪便,有特殊的腥臭味,手指捻粪有油腻状感觉;腹胀和出现回视腹部等腹痛症状。重症感染者因衰竭或虫体引起的肠阻塞、穿孔而死亡。犊牛的死亡率较高。

此病诊断需用饱和盐水漂浮法在粪便中检出虫卵或尸体剖检时在小肠内发现多量虫体及相应的病理变化进行确诊。此外,还可口服或注射驱虫药物进行治疗性诊断。

☞ *7.* 怎样防治牛蛔虫病？

预防：搞好牛舍清洁卫生，勤换垫草，勤清扫粪便，尤其对犊牛的粪便要集中进行发酵处理，以杀灭虫卵，减少牛只感染的机会；早期进行预防性驱虫，对 15～30 日龄的犊牛驱虫，因此时成虫数量达到高峰，而且有许多犊牛带虫感染，但不表现临床症状。此外，犊牛与母牛应分开饲养，以减少感染机会。在流行地区，提倡对 6 月龄以下犊牛全部进行驱虫。

治疗：应用左旋咪唑，按 8 mg/kg 体重，一次口服或肌肉注射。丙硫咪唑，按 10～15 mg/kg 体重，一次口服或肌肉注射。驱蛔灵，按 200～250 mg/kg 体重，一次口服。伊维菌素，按 0.3 mg/kg 体重，一次皮下注射或口服。

☞ *8.* 牛肺线虫病是怎样发生的？

该病是几种网尾线虫寄生在牛的支气管、气管内引起的疾病。病原主要是丝状网尾线虫和胎生网尾线虫。雌虫排卵，随支气管、气管分泌物到达咽或口腔，经吞咽进入胃肠内，随粪便排出体外。在外界适宜的条件下，可发育为有感染性的幼虫。在湿润的环境中，如清晨有露水时，这种幼虫喜欢在草上爬，当牛吃进感染性幼虫后，幼虫边发育边侵入肠壁的血管、淋巴管，随着血液循环到肺部，从血管钻进肺泡，从肺泡逐渐游向支气管、气管，在那里成熟、产卵。虫卵在外界的发育条件是温暖潮湿，因此春夏是本病的主要感染季节。

☞ *9.* 牛肺线虫病的诊断要点有哪些？

诊断要点如下：

(1)在流行地区的流行季节,注意本病的临床症状。主要是咳嗽,但一般体温不高,在夜间休息时或清晨,能听到牛群的咳嗽声,以及拉风匣似的呼吸声,在驱赶牛时咳嗽加剧。病牛鼻孔常流出黏性鼻液,并常打喷嚏。被毛粗乱,逐渐消瘦,贫血,头、胸下、四肢可有水肿,呼吸加快,呼吸困难。犊牛症状严重,严寒的冬季可发生大批死亡。成年牛如感染较轻,症状不明显,呈慢性经过。

(2)用粪便或鼻液做虫卵检查,如发现虫卵或幼虫,即可确诊。剖检病死牛时,若支气管、气管黏膜肿胀、充血,并有小出血点,内有较多黏液,混有血丝,黏液团中有较多虫体、卵或幼虫,也可确诊。

☞ 10. 怎样防治牛肺线虫病?

预防:要在干燥清洁的草场放牧,要注意牛饮水的卫生。要经常清扫牛舍,对粪尿污物要发酵处理,杀死虫卵。每年春、秋两季,或牛由放牧转为舍饲时,集中进行药物驱虫。驱虫后奶牛排出的粪便要严加管理,必须要经发酵处理杀死虫卵后,才能作肥料用。

治疗:应用丙硫苯咪唑,5~10 mg/kg 体重,配成悬液,一次灌服。四咪唑,可气雾给药,在密闭的牛舍内进行,喷雾后应使牛在舍内呆20 min。1%伊维菌素注射剂,0.02 mL/kg 体重,一次皮下注射。氰乙酰肼,17.5 mg/kg 体重,口服,总量不要超过5 g。发病初期只需一次给药,严重病例可连续给药2~3次。

☞ 11. 牛绦虫病是如何发生的?

该病是由寄生在牛小肠中的几种绦虫引起的一种寄生虫病。主要有扩展莫尼茨绦虫、贝莫尼茨绦虫、曲子宫绦虫等。

这些绦虫的形态和发育过程都差不多。如扩展莫尼茨绦虫是长带状、分节的,颜色乳白,长可达10 m。其孕卵节片脱落后,随牛的粪便排出体外。这种节片被一种叫土壤螨的昆虫吞食,虫卵发育成感染性幼虫。在牧场地,这类土壤螨很多,它们在早晚有露水和阴天时,喜欢爬到草叶上,牛吃草时吞食了含感染性幼虫的螨而感染。感染性幼虫在牛的小肠,经约 40 d 即发育为成虫。犊牛易感性高,病情也较重。大量绦虫寄生时,可引起小肠发生狭窄、阻塞或破裂。绦虫一昼夜可长 8 cm,要夺取很多营养,加上分泌的毒素作用,可影响牛的消化和代谢,妨碍犊牛的生长。

☞ *12.* 如何诊断牛绦虫病?

主要是注意牛生前症状和虫卵检查。感染程度较轻的,症状不明显,或仅有轻微的消化不良。感染程度较重的,食欲不佳,精神不振,喜欢饮水,腹泻或便秘,多为腹泻,腹痛,便中可见到虫体的节片。病牛发生慢性鼓气,贫血,黏膜苍白,消瘦。严重的,呈全身衰竭,卧地不起,经常作咀嚼动作,口周围有许多泡沫,此时对外界几乎失去反应,有的发生死亡。但是,这些症状无特异性。确诊主要依据是虫卵检查。

如在可疑奶牛的粪便中发现虫卵或孕卵节片,即可确诊。

死后剖检,见病尸消瘦,贫血,胸腹腔有较多积液,肠黏膜炎症变化,可见到绦虫虫体。

☞ *13.* 怎样防治牛绦虫病?

可在放牧后 1 个月左右对牛群进行一次驱虫。驱虫 2～3 周后再驱一次,有利于驱杀感染的幼虫。如有条件,可对土壤螨多的牧场,结合草库伦建设和轮牧进行有计划的休牧,两年后螨的数量可明显减少。

治疗:应用硫双二氯酚(别丁),40～60 mg/kg 体重,一次灌服;丙硫苯咪唑,10～20 mg/kg 体重,制成悬液,一次灌服。氯硝柳胺,60～

70 mg/kg 体重,制成悬液,一次灌报。吡喹酮,50 mg/kg 体重,一次灌服。1%硫酸铜液,犊牛 2~3 mL/kg 体重,一次灌服。

☞ *14*. 牛囊尾蚴病是如何发生的?

该病又称牛囊虫病,是人牛带绦虫的幼虫(叫作牛囊尾蚴)寄生在牛的肌肉组织中所起的一种寄生虫病。病人空肠中的牛带绦虫长达 5~10 m,最长的有 25 m,带状,乳白色。

它的卵随人的粪便排出体外,污染草场和饮水。在有些牧区,卫生条件差,人随地大小便极常见。牛在采食或饮水时,经口将虫卵吃进体内。在牛的消化道内,虫卵的膜被破坏,卵中的"六钩蚴"被释放出来。钻进肠壁,进入血液循环,到达牛全身的肌肉组织,主要部位是舌肌、咬肌、心肌、三头肌、颈肌、臀部肌肉,有时在肺、肝、脑、脂肪组织内也可出现。经 10~12 周,发育为牛囊虫。

人吃了含牛囊虫的不熟牛肉后,牛囊虫在人小肠内经 2~3 个月发育成牛带状绦虫,在人体内可存活 20~30 年。对本病犊牛比成年牛更容易感染。

☞ *15*. 如何诊断牛囊尾蚴病?

牛生前诊断很困难,主要是依靠宰后检验,在肌肉或一些器官中发现牛囊虫。病牛的症状无特异性,严重感染的牛,初期体温升高到 40~41℃,腹泻,食欲降低,反刍减少或停止,黏膜苍白,呼吸困难,心跳加快,后期卧地死亡。宰后检验,在肌肉或一些器官中发现牛囊虫,像黄豆大小,白色,半透明,囊泡内充满液体,囊壁上有一个小米粒大的头节。发现牛囊虫,即可确诊。

☞ *16.* 怎样防治牛囊尾蚴病？

预防:做好人牛带绦虫的普查和驱虫。可用仙鹤草、氯硝柳胺、槟榔南瓜籽合剂、吡喹酮、丙硫咪唑等药物,给病人驱虫。在农村和牧区,修建厕所,加强奶牛和人的粪便的管理,防止奶牛接触到人的粪便。加强牛肉的卫生检疫,对有病的牛肉按规定进行处理,不准进入市场。人不应吃半生和生牛肉,牛肉一定要充分加热,熟透后再食用。

治疗:无特别有效的方法,可试用吡喹酮或甲苯咪唑,前者 50 mg/kg体重,灌服;后者 10 mg/kg 体重,灌服。

☞ *17.* 牛棘球蚴病是如何发生的？

该病又称包虫病,是由多种棘球绦虫的幼虫,即牛棘球蚴寄生在牛的肺、肝、肠系膜等处引起的一种寄生虫病。在我国,该病主要是由细粒棘球绦虫引起。

细粒棘球绦虫成虫仅 2～8 mm 长,寄生于犬、狼等动物的小肠内。虫卵随犬、狼的粪便排出体外,污染饲草、饲料、饮水和环境,牛经口感染,虫卵在牛的肠内释放出"六钩蚴",钻进肠壁,随血液循环到达肝、肺等器官,经半年到一年的生长,发育成为有感染性的棘球蚴。这些棘球蚴,大小和形状不同,有的形成大囊,有的是由许多小囊构成的瘤状体,在体内可存活数年。由于棘球蚴的压迫,可造成器官局部的萎缩,也影响器官的机能。当犬吃了含棘球蚴的脏器后,经 40～50 d 后,在肠内发育成细粒棘球绦虫。

☞ *18.* 牛棘球蚴病的诊断要点有哪些？

临床诊断很困难,病牛生前症状不典型。严重的病例,可见呼吸困难,轻微咳嗽。棘球蚴寄生在肝脏,则肝肿大,有触痛,反刍减少,有慢性鼓气,病牛消瘦,衰竭。当棘球蚴破裂后,包囊内的有毒物质被吸收,病牛病情迅速恶化,常死于窒息。尸体剖检时,可在肝、肺、心发现棘球蚴,呈泡囊状,大的直径可达 20 cm 以上,内含液体,也有些不形成大囊,而由若干个小囊组成海绵样的瘤状物。棘球蚴绝大多数寄生于肝脏。

☞ *19.* 怎样防治牛棘球蚴病?

预防:对饲养的犬进行驱虫。患病动物的脏器不应喂犬。经常给犬驱虫,用氢溴槟榔碱(2 mg/kg 体重,灌服)、吡喹酮(5 mg/kg 体重,灌服)、氯硝柳胺(125 mg/kg 体重,制成悬液,灌服),最好每月一次。

棘球蚴的治疗越早越好,可试用吡喹酮(25~30 mg/kg 体重,每天一次,连用 5 d)、丙硫咪唑(90 mg/kg 体重,连服两次)。

☞ *20.* 牛脑包虫病是怎样发生的?

该病是由一种叫作多头带绦虫的中绦期幼虫即多头蚴寄生于牛、牦牛和骆驼等动物的脑、脊髓内所引起的疾病,又称脑多头蚴病。它是对犊牛危害非常严重的寄生虫病之一。

成虫寄生于犬、狼、狐狸的小肠中。虫卵随犬、狼的粪便排出体外,污染饲草、饲料、饮水和环境,牛经口感染,虫卵在牛的肠内释放出"六钩蚴",钻进肠壁,随血液循环到达脑、脊髓中,经 2~3 个月发育为成熟的多头蚴。犬、狼等食肉动物吞食了含有多头蚴的脑、脊髓而受感染,原头蚴附着于肠壁上,经 41~73 d 发育为多头带绦虫。成虫在犬的小肠中可生存数年之久。脑多头蚴病在我国西北、东北及内蒙古等牧区多呈地方性流行。牧羊犬是主要感染源。同时,虫卵对外界因素的抵抗力很强,在自然界中可长时间保持生命力,而在日晒的高温下很快死亡。

☞ *21.* 如何诊断与防治牛脑包虫病？

感染初期,六钩蚴移行引起脑炎,表现为体温升高,精神沉郁,脉搏呼吸加快,甚至有的患牛高度兴奋,做回旋、前冲或后退运动。有些犊牛可在 5～7 d 因急性脑炎死亡。随着脑多头蚴的发育增大,当寄生于大脑颞骨区时,常向患侧作转圈运动,因此,通常又将脑多头蚴病称为"回旋病";寄生于枕骨区时,头高举,后腿可能倒地不起,颈部肌肉强直性痉挛或角弓反张,对侧眼失明;寄生于小脑时,表现神经过敏,易受惊,行走时出现痉挛或蹒跚步态,视觉障碍,磨牙,流涎;寄生于腰部脊髓时,表现步伐不稳,后肢麻痹,最后因消瘦或神经中枢受害而死。剖解患牛脑部时,在前期急性死亡的病畜可见有脑膜炎及脑炎病变,还可见六钩蚴在脑膜移行时的痕迹。在后期病程的小脑、大脑或脊髓表面可找到囊体,有时嵌入脑组织中。与病变或虫体接触的头骨,骨质变薄,松软,甚至穿孔,致使皮肤向表面隆起。

预防:对牧羊犬进行定期驱虫,排出的粪便和虫体应进行无害化处理,从而防止犬粪污染牧场、饲料及饮水;对野犬、狼等终末宿主应予以捕杀,以防其散布病原;防止犬吃到含脑多头蚴的牛的脑及脊髓。

治疗:在头部前方大脑表层寄生的脑多头蚴可施行外科手术摘除。而在脑深部和后部寄生的虫体则难以摘除。可用丙硫咪唑和吡喹酮进行保守治疗。

☞ *22.* 牛梨形虫病是如何发生的？

牛梨形虫病又称巴贝斯虫病(旧称焦虫病),是由巴贝斯虫引起的一种血液原虫病。临床上以高热、贫血、黄疸及血红蛋白尿为特征。

病原为双芽巴贝斯虫、牛巴贝斯虫、卵形巴贝斯虫,呈梨籽形、卵形、圆形或椭圆形,蜱吸血时,将病原寄生虫传播给健康动物,使其感染发病。

☞ 23. 怎样诊断牛梨形虫病？

流行特点：该病呈一定的地区性，流行季节为蜱活动的季节。8 月龄以内的牛能耐过。1～2 岁的牛发病较重，2～3 岁的牛更重，死亡率也高。

临床症状：潜伏期为 9～15 d。突然发病，体温升高 40℃以上，呈稽留热。病牛食欲减退或消失，反刍停止。可视黏膜黄染，点状出血。腹泻或便秘。尿呈红色乃至酱油色。黏膜、浆膜、皮下、心冠状沟等处黄染。心内、外膜有出血斑点，肝肿大变性；脾髓软化、出血，肾充血，消化道有点状及带状出血，淋巴结肿大出血。

实验室检查：采耳尖血涂片，自然干燥，甲醇固定后用姬氏液染色，若在红细胞内见到梨籽形虫体，即可确诊。

☞ 24. 怎样防治牛梨形虫病？

治疗：对初发或病情较轻的病牛，立即注射抗梨形虫药物；对重症病例牛，同时采取强心、补液等对症措施。特效药物有以下几种。

①锥黄素：3～4 mg/kg 体重，配成 0.5%～1%溶液静脉注射，症状未减轻时，24 h 后再注射 1 次。病牛在治疗后的数日内，须避免烈日照射。

②贝尼尔：3.5～3.8 mg/体重，配成 5%～7%溶液深部肌肉注射。

③咪唑苯脲：2 mg/体重，配成 10%溶液，分 2 次肌肉注射。

预防：主要是对牛体灭蜱，防止叮咬传播病原：春季蜱幼虫侵害时，可用 0.5%的马拉硫磷乳剂喷洒体表，或用 1%的三氯杀虫酯乳剂喷洒体表；夏秋季应用 1%～2%敌百虫溶液喷洒或药浴。在蜱大量活动期，每 7 d 处理 1 次。

☞ *25.* 寄生在牛肝脏里的吸虫有哪些?

寄生在牛肝脏里的吸虫有肝片形吸虫、大片形吸虫、矛形歧腔吸虫、中华歧腔吸虫。肝片形吸虫和大片形吸虫为大型虫体,矛形歧腔吸虫和中华歧腔吸虫个体较小。

☞ *26.* 牛肝片吸虫病是如何发生的?

该病是肝片形吸虫和大片形吸虫寄生在牛的肝胆管和胆囊中引起的疾病。肝片吸虫呈棕红色,形状像柳树叶,俗称"柳叶虫"。有2~3 cm长。大片形吸虫呈竹叶状,有4~7 cm长。

成虫产的卵,随胆汁进入肠道,最后与粪便一起排出体外。虫卵在温暖的水中发育,在发育过程中,需要进入某些螺的体内繁殖一段时间,然后再从螺的体内跑出,成为有感染性的幼虫。幼虫附在草上或在水中。当牛吃草或饮水时,就可造成感染。而后幼虫穿透肠壁进入腹腔,从肝被膜进入肝内并定居于胆管;也可从小肠胆管口爬入胆管内。在胆管内经2~3个月就可发育为成虫,可生存3~5年,并不断排出大量虫卵。低洼、潮湿、有死水泡子的草场,本病流行严重,感染率可达30%~60%。本病全年均可发生,但春末、夏秋季较多见。

☞ *27.* 牛肝片吸虫病的诊断要点有哪些?

该病一般有比较固定的流行地区。在流行病区和流行时间内,病牛的临床症状在诊断上有一定的参考价值。牛感染肝片吸虫少时,无明显表现;感染多时,可见食欲降低,反刍异常,瘤胃出现周期性鼓胀或前胃弛缓,明显消瘦,下痢、贫血、黄疸、水肿,产奶量下降,孕牛流产。

另外,采集牛的粪便进行检查,也可发现虫卵。肝片形吸虫卵呈长卵圆形,淡黄褐色,前窄后钝。

死后剖检,可见明显的胆管炎变化,胆管扩张,管壁增厚,内膜粗糙,内有黏稠的胆汁,可能有出血,胆汁中包含着大量肝片吸虫虫体。

☞ 28. 怎样防治牛肝片吸虫病?

预防:要选择高燥牧场放牧,尽量避开有螺的死水区域;灭螺;对牛进行驱虫,开春一次,入冬一次;牛粪要堆积发酵,杀死虫卵。

治疗:对慢性病牛,可选用下列药物,三氯苯唑(肝蛭净),10～15 mg/kg体重,制成混悬液,灌服;硫双二氯酚(别丁),40～60 mg/kg体重,灌服,腹泻病牛慎用;硝氯酚(拜尔9015),0.8～1 mg/kg体重,一次皮下或肌肉注射。对急性发病病牛,可选用双乙酰胺苯氧醚,7.5 mg/kg体重,灌服,对1～6周龄肝片吸虫童虫有高效;碘醚柳胺,5～15 mg/kg体重,灌服,驱除成虫和6～12周龄的未成熟的肝片吸虫都有较好效果。

☞ 29. 牛歧腔吸虫病是如何发生的?

该病是矛形歧腔吸虫和中华歧腔吸虫的成虫寄生在牛的肝脏胆管、胆囊内引起的。矛形歧腔吸虫虫体呈柳叶状,前部狭小,中央部以后最宽。棕红色,大小为6～8 mm。中华歧腔吸虫与矛形歧腔吸虫相似,成虫活体呈红褐色,体较宽扁,柳叶状,腹吸盘前方部分呈头锥状,其后两侧作肩样突起。虫体大小为3～9 mm。

成虫在肝脏胆管、胆囊内产出虫卵,卵随胆汁进入肠腔,再随粪便排至外界。卵被陆地蜗牛吞入后开始孵化,并在其中发育,最后产出成团的幼虫黏球,粘在植物或其他物体上,这种幼虫黏球被蚂蚁吞食后,形成感染性幼虫,牛吃草时吞食了含成熟幼虫的蚂蚁,幼虫在牛肠内变为童虫,之后由十二指肠经胆总管到达肝脏胆管内寄生,经72～

85 d 发育为成虫,成虫在终末宿主体内可存活 6 年以上。此病在我国主要分布在东北、华北、西北和西南诸省、区。在有的地方牛感染可高达 70%～80%,感染强度也很高。随年龄的增加,其感染率和感染强度也逐渐增加,感染的虫体数可达数千条,甚至上万条。其流行与蜗牛和蚂蚁的广泛存在有关,动物的感染具有春、秋两季特点,但动物发病多在冬、春季节。虫卵对外界环境条件的抵抗力较强,在土壤和粪便中可存活数月。

☞ **30. 牛歧腔吸虫病的诊断要点有哪些?**

感染虫体数量较少时,症状轻微或不表现症状。严重感染的可见黏膜黄染、逐渐消瘦、颌下和胸下水肿、腹泻,甚至死亡。一般表现为慢性消耗性疾病的临床特征,如精神沉郁、食欲不振、渐进性消瘦、行动迟缓、喜卧等。

生前可采用沉淀法检查患畜粪便,查获虫卵即可确诊,虫卵呈不正的卵圆形,卵壳厚,褐色,具卵盖。

死亡动物经剖检胆管壁增厚、胆管周围组织纤维化、肝肿大,在肝脏、胆管、胆囊中检获大量虫体而确诊。

☞ **31. 怎样防治牛歧腔吸虫病?**

预防:应选择开阔干燥的牧地放牧,尽量避免在中间宿主多的潮湿低洼牧地上放牧。每年的秋后和冬季进行驱虫;灭螺、灭蚁。

治疗:可用吡喹酮 35～45 mg/kg 体重,口服;丙硫咪唑 10～15 mg/kg 体重,配成 5% 混悬液,经口灌服;六氯对二甲苯 200～300 mg/kg,口服,连用两次,驱虫率可达 100%;海涛林 30～40 mg/kg 体重,口服。

☞ *32.* 牛胰阔盘吸虫病是如何发生的？

该病是由胰阔盘吸虫寄生于牛的胰腺中引起的一种寄生虫病。胰阔盘吸虫新鲜时呈鲜红色，体壁透明，形状如西瓜子样。

成虫在胰管中产卵，卵随胰液进入肠道，然后随粪便一起排出体外。虫卵在外环境中的发育过程比较复杂，首先进入陆地螺（蜗牛）体内生活和发育一年左右，然后从蜗牛气孔排出，粘在牧草上，被螨斯摄入体内，经一个多月，发育成为感染性幼虫。到8、9月份，螨斯变得不活跃，牛吃草时连同螨斯一并吞入，幼虫在肠内释出，钻进胰管中，经60 d左右发育成成虫。轻度感染，患牛症状轻微，易被忽视；如感染虫体较多，胰腺受损严重，感染牛只临床症状明显，严重者多在次年二、三月份死亡。

☞ *33.* 牛胰阔盘吸虫病的诊断要点有哪些？

该病的发生有一定的流行区域和流行时间，在诊断上可供参考。当大量牛胰阔盘吸虫寄生时，病牛营养不良，逐渐消瘦，毛发干，易脱落，下痢，粪便带黏液，贫血，颌下和胸前水肿，严重的引起死亡。

尸体剖检，可见胰管高度扩张，管壁变厚，黏膜粗糙不平，胰腺表面常有一些紫色小突起，内含虫体。

另外，采集牛的粪便进行检查，也可发现虫卵。

剖检时发现虫体和粪便检查发现虫卵，均可确诊。

☞ *34.* 怎样防治牛胰阔盘吸虫病？

预防：主要是消灭和控制蜗牛和螨斯，减少感染机会；在夏、秋季节到高燥牧场放牧，尽量避免感染；入冬时给牛驱虫，粪便堆积发酵。

治疗:可用六氯对二甲苯(血防 846),300 mg/kg 体重,一次口服,隔日一次,3 次为一疗程,疗效较好。吡喹酮油剂,30～50 mg/kg 体重,腹腔注射。

☞ 35．牛前后盘吸虫病是如何发生的？

该病是前后盘科中的多种吸虫寄生于牛胃和小肠里引起的消化道寄生虫病。成虫致病力不强,但大量童虫在移行过程中至胃、小肠、胆管和胆囊时,可引起严重的疾病,严重者会导致大批宿主死亡。虫体呈深红或灰白色,圆柱状、梨形、圆锥形或瓜籽形等,大小数毫米到二十几毫米,后吸盘显著大于口吸盘;口吸盘位于前端,后吸盘位于虫体后端。

成虫寄生于反刍动物的瘤胃,虫卵随粪便排至外界。虫卵在温暖的水中发育,在发育过程中,需要进入某些螺的体内繁殖一段时间,然后再从螺的体内跑出,成为有感染性的幼虫。幼虫附在草上或在水中,当牛吃草或饮水时,就可造成感染。囊蚴在肠道脱囊,童虫在小肠、皱胃和其黏膜下组织及其胆管、胆囊和腹腔等处移行寄生,经数十天到达瘤胃,在瘤胃内需要 3 个月发育为成虫,并不断排出大量虫卵。前后盘吸虫在我国各地广泛流行,不仅感染率高,而且感染强度大,常见成千上万的虫体寄生,而且常为多种虫体混合感染。流行季节主要取决于当地气温和中间宿主的繁殖发育季节以及牛只放牧情况。北方主要在 5～10 月感染。多雨年份易造成本病的流行。

☞ 36．牛前后盘吸虫病的诊断要点有哪些？

童虫移行和寄生往往引起病牛食欲不振,消化不良,顽固性拉稀,粪粥样或水样,颌下至全身水肿,贫血,消瘦,衰弱无力,重者卧地难起,衰弱死亡。大量成虫寄生时,往往表现为慢性消耗性的症状,如食欲减退、消瘦、贫血、颌下水肿、腹泻,但体温一般正常。急性病例以犊牛常见。

剖检可见瘤胃壁上有大量成虫寄生,寄生部位发炎,结缔组织增生,形成米粒大的白色小结节。童虫移行时可造成"虫道",使胃肠黏膜和其他脏器受损,有多量出血点,下痢便中检出前后盘吸虫的幼小虫体。在瘤胃等处发现大量成虫、幼虫和相应的病理变化可以确诊。粪便中检出虫卵一般已到慢性期。镜检虫卵时,应注意和肝片吸虫虫卵相区别,前后盘吸虫卵为淡灰色,虫卵的一端细胞多而拥挤,而另一端细胞较稀而留有空隙,虫卵的一端两侧不对称而变尖。

☞ 37. 怎样防治牛前后盘吸虫病?

前后盘吸虫的预防应根据当地情况来进行,可采取以下措施:如改良土壤,使潮湿或沼泽地区干燥,造成不利于淡水螺类滋生的环境;不在低洼、潮湿之地放牧、饮水,以避免牛感染;利用水禽或化学药物灭螺;舍饲期间进行预防性驱虫等。

治疗:可用氯硝柳胺,$50 \sim 60$ mg/kg 体重,一次口服;硫双二氯酚,$40 \sim 50$ mg/kg 体重,一次口服。两种药物对成虫都有很好的杀灭作用,对童虫和幼虫亦有较好的作用。溴羟苯酰苯胺,用药剂量按 65 mg/kg 体重经口投服,驱除前后盘吸虫的成虫效果为 100%,对童虫的效果为 87%;吡喹酮按 60 mg/kg 体重对奶牛前后盘吸虫病安全且有一定疗效。

☞ 38. 牛泰勒虫病是如何发生的?

该病是由泰勒虫属的各种原虫寄生在牛的巨噬细胞、淋巴细胞和红细胞而引起的疾病的总称。在我国,引起本病的病原为环形泰勒虫和瑟氏泰勒虫。

病牛和带虫牛是传染源,而蜱(草爬子)是传播媒介。在我国的华北、东北地区,传播本病的主要是残缘璃眼蜱和长角血蜱。残缘璃眼蜱生活在牛舍内,长角血蜱生活在山野或农区,故本病在舍饲牛群和放牧牛群中均可发生。

发病有明显的季节性,主要发生于蜱活动的季节。一般成蜱于每年4月下旬或5月初开始出现,7月最多,8月渐少,9月全部消失。所以多发生于6月下旬到8月中旬,7月为高峰期,8月中旬以后逐渐平息。

不同年龄和品种的牛都易感,但以1～3岁的牛发病为多,初生牛犊和4岁以上的成年牛仅有个别发病的。当地土种牛发病轻微或不发病,多为带虫牛,而从外地新引进的牛几乎都发病,且病情严重,死亡率也较高。

☞ *39*. 怎样诊断牛泰勒虫病?

潜伏期为14～20 d。初期,病牛体温升高,体表淋巴结肿大,疼痛,呼吸和心跳加快,眼结膜潮红。随着疾病的发展,当虫体大量侵入,破坏红细胞时,病情加重,病牛精神沉郁,食欲减退,反刍减少或停止。体温升高达40～42℃,高热不退,鼻镜干燥,可视黏膜呈苍白或黄红色。病牛先便秘,后腹泻,或交替发生,粪便中混有黏液及血液,弓腰缩腹,显著消瘦,甚至卧地不起,反应迟钝。可在病后1～2周发生死亡。

尸体剖检时,可见消瘦,结膜苍白或黄染,血液凝固不良,体表淋巴结肿大、出血。脾脏比正常大2～3倍。肝脏肿大,变脆,有出血点。肾脏、食道和瘤胃黏膜、肠系膜淋巴结、心内外膜、肺被膜、支气管和咽喉部的黏膜,都有出血点或斑。皱胃黏膜肿胀,除可见出血点或斑外,还可见很多小的溃疡灶。

诊断:根据临床症状和剖检变化,可做出初步诊断。确定诊断,需要进行采血涂片染色显微镜下检查,在红细胞内发现虫体;或穿刺体表肿胀淋巴结,涂片染色镜检,查到石榴体。

☞ *40.* 如何防治牛泰勒虫病?

预防:关键是灭蜱。消灭牛身上的蜱,在每年的 3～4 月,用 0.0375%双甲脒喷洒牛体或伊维菌素皮下注射,剂量为 0.02 mg/kg 体重,消灭牛身上的幼蜱;5～7 月向牛体喷洒消灭成蜱,也可采取人工捕捉的办法。消灭牛舍内的蜱,在每年的 9～11 月,用 0.01%溴氰菊酯或 0.05%蝇毒磷乳液,喷洒牛舍的墙缝和地板缝;消灭越冬的幼蜱,间隔 7 d 重复用药一次,再用石灰、水泥堵抹缝隙。消灭外界环境中的蜱,可采取轮牧及创造不利于蜱的生活环境的一切办法,如清除杂草、砍掉经济价值不大的灌木丛、利用蜱的天敌等。

治疗:要坚持早确诊,早治疗。可选用三氮脒(贝尼尔),7～10 mg/kg 体重,用灭菌蒸馏水配成 7%～10%浓度,分点深部肌肉注射,每日一次,3 次为一疗程,疗效较好。磷酸伯氨喹啉,0.75～1.5 mg/kg 体重,口服,每日一次,3 次为一疗程。还应根据症状给予强心、补液、补血、健胃缓泻、疏肝利胆等中西药物。

☞ *41.* 牛球虫病是怎么发生的?

该病是由艾美耳科、艾美耳属中的多种球虫寄生于肠道内所引起的一种原虫病。本病所有品种的牛都易感,但 2 岁以内的牛只最易感,发病后临床表现也很严重。病牛和带虫牛是传染源,其体内的球虫经过复杂的发育阶段,形成卵囊随粪便排出体外。在外界适宜的温度、湿度条件下,卵囊发育为感染性卵囊,健康牛随饲草、饲料、饮水摄入卵囊后即被感染。本病一般发生在 4～9 月,尤其在低洼、潮湿草场放牧的牛群很容易感染。在冬季舍饲期间也可发病。

☞ *42*. **如何诊断牛球虫病？**

潜伏期为 2～3 周，多为急性经过。初期，病牛精神沉郁，被毛蓬乱，体温正常或略升高，粪便稀薄并混有血液，个别犊牛可在发病后 1～2 d 就死亡。大多数病牛约 1 周后，症状逐渐加剧，表现为精神委顿，食欲废绝，消瘦，喜躺卧，体温升高到 40～41℃，瘤胃蠕动和反刍完全停止，肠蠕动增强，腹泻，粪便中带有血液、黏液和纤维素，恶臭，母牛产奶减少或停止。慢性病例可长期下痢，便血和消瘦，最终死亡。

尸体剖检，主要病变是病牛消瘦，黏膜苍白，肛门外翻，肛门周围和后肢被含血稀便污染。盲肠、结肠、直肠发生广泛性出血和坏死，其中含有混杂血液、黏液、纤维素的稀薄内容物，肠系膜淋巴结肿大。

诊断：根据流行情况、临床症状和剖检时病变可做出初步诊断。显微镜检查粪便和直肠刮取物，如发现大量球虫卵囊，即可确诊本病。

☞ *43*. **怎样防治牛球虫病？**

预防：在有牛球虫病的地区，应采取隔离、治疗、消毒的综合性预防措施。因成年牛多为带虫牛，故应把犊牛和成年牛分群饲养，分草场放牧，发现病牛要立即隔离治疗。更换饲料种类或变换饲养方式时，要注意逐步过渡，以免暴发球虫病。牛舍和运动场要经常打扫，保持清洁和干燥，粪便、垫草要进行发酵，以杀死卵囊。可用热水或 3％～5％热碱水对地面、饲槽、水槽进行消毒，并保持饲草、饲料和饮水清洁卫生。在温暖、潮湿季节或发病频繁的牛场，可在犊牛饲料中添加氨丙啉、莫能菌素、尼卡巴嗪等抗球虫药物进行预防，氨丙啉以 5 mg/kg 体重混入饲料，连用 21 d；莫能菌素 1 mg/kg 体重混入饲料，连用 33 d。

治疗：可选用磺胺二甲嘧啶，犊牛 100 mg/kg 体重，每天一次，口服,连用 4 d;盐酸氨丙啉,犊牛 25～30 mg/kg 体重,每天口服一次,连用 4～5 d;莫能菌素或盐霉素,按 20～30 mg/kg 体重添加饲喂。还应结合应用止泻、强心和补液等对症疗法。

☞ **44．牛弓形虫病是怎么发生的?**

该病是人兽共患原虫病,是由刚第弓形虫寄生于动物(包括牛)的有核细胞内引起的一种孢子虫病。该病呈世界性分布。猫科动物是终末宿主,人、畜、禽和许多野生动物都是中间宿主。猫是主要感染源,6 月龄以下的猫排出卵囊最多,卵囊在外界短期发育便具有感染能力。卵囊可污染土壤、牧草、饲料、饮水和用具等。病人、病畜和带虫动物的尸体、肌肉、内脏、血液、渗出物以及急性期病畜的分泌物和排泄物均可带有弓形虫的假囊和包囊,也是重要的感染源。另外,在流产胎儿体内、胎盘和羊水中均有大量弓形虫存在。自然情况下牛是吃到污染的饮水和饲草中的卵囊而感染。牛吞食卵囊后,子孢子钻入肠壁,通过淋巴、血液循环侵入有核细胞,繁殖后可形成多个虫体的集合体,即假囊(组织囊),当囊内的速殖子聚集至 8～16 个时,被寄生的细胞破裂,释出的速殖子又侵入新的细胞。如果感染的虫株毒力较强,而且动物又无足够的抵抗力,或者由于其他致病因素的共同作用,即可引起弓形虫病的急性发作;反之,如果虫株的毒力弱,牛又有一定的抵抗力,则使弓形虫的繁殖变缓,形成包囊,内含数千个慢殖子,此时疾病发作进程变得较为缓慢,或者成为无症状的隐性感染。包囊型虫体就会在牛的一些脏器组织(尤其是脑组织)中存留数月、数年,甚至终生。在牛抵抗力降低时,包囊中的慢殖子又可转变为速殖子而引起弓形虫病急性发作。

☞ 45. 牛弓形虫病的诊断要点有哪些？

牛弓形虫病一般较少见。1～6月龄的犊牛自然感染时有呼吸困难,咳嗽,发热,头震颤,精神沉郁和虚弱等症状,常于2～6 d内死亡。成年牛在初期极度兴奋,其他症状与犊牛相似。母牛的症状表现不一,有的只发生流产;有的出现发热,呼吸困难,虚弱,乳房炎,腹泻和神经症状;有的无任何症状,偶尔可在其乳中发现弓形虫。

尸体剖检,主要病变是第三胃干涸,皮下出血,肝脏上有大小不等的结节和坏死灶,肺脏膨大,小支气管中有多量浆液性泡沫,血液稀薄,脂肪胶样浸润。并可在各脏器和大脑组织中分离到包囊。

弓形虫病的临床表现、病理变化和流行病学虽有一定的特点,但仍不足以作为确诊的依据,而必须在实验室诊断中检查出病原体或特异性抗体,方可确诊。

实验室检查可采取如下方法:

(1)涂片检查:取急性弓形虫病牛的胸、腹腔渗出液或肺、肝、淋巴结作涂片,其中以肺脏的涂片因背景清晰,检出率较高。经干燥、甲醇固定,然后用姬姆萨氏或瑞氏液染色镜检,检查有无滋养体。生前采用血液涂片检查;淋巴结穿刺液涂片检查。

(2)集虫法检查:取肺脏及肺门淋巴结研碎加10倍生理盐水滤过,以500 r/min离心3 min,取上清液再以1 500 r/min离心10 min,取沉渣涂片,染色镜检。

(3)动物接种:采用将受检材料取其上清液0.5～1 mL接种于小白鼠腹腔后,再从其腹腔液中分离虫体的方法来诊断。但此法的缺点是需要较长时间,因小鼠体内产生能检测到的弓形虫包囊需要3周时间。也可应用间接血凝试验检测牛血清中是否存在抗体,帮助建立诊断。

☞ *46.* **怎样防治牛弓形虫病?**

对于本病的治疗主要是采用磺胺类药物与抗菌增效剂搭配使用。磺胺嘧啶(SD)、磺胺六甲氧嘧啶(SMM)、磺胺甲氧吡嗪、三甲氧苄胺嘧啶(TMP)和二甲氧苄胺嘧啶(DVD)对弓形虫的滋养体有效。乙胺嘧啶,螺旋霉素、氯林可霉素也有效。但尚缺乏针对包囊的理想药物。应注意在发病初期,尽早确诊,及时用药,如用药较晚,虽可使临床症状消失,但不能抑制虫体进入组织形成包囊,结果使病畜成为带虫者,将来复发率较高。

预防本病要加强水和粪便的管理,防止水源、饲料、用具被猫及鼠粪便污染。也要尽可能避免以上物品与昆虫的接触;及时隔离治疗病牛,并严格处理病牛的分泌物、排泄物和污染物。防止污染环境。对被污染的环境,如饲槽、饮水器具、圈舍进行彻底消毒。大部分消毒药对卵囊无效,但可用蒸气和加热等方法杀灭卵囊。严重流行区应对牛只进行药物预防;死于本病的和可疑的动物尸体、流产胎儿、胎衣做深埋或焚毁处理;养殖场严禁养猫;加强对家猫的管理。每天清除猫粪;不要用生肉、生奶喂猫;禁止猫进入厩舍;对于病猫及时治疗。加强防鼠灭鼠、灭蝇、灭蟑螂工作,以防传播病原。

☞ *47.* **牛皮里为什么会钻出蛆?**

这是由牛皮蝇的幼虫,寄生在牛的皮下组织内而引起的一种慢性寄生虫病,即牛皮蝇蛆病。牛皮蝇的雌蝇和雄蝇均是不吸血的蝇类,也不采食,只生活5~6 d。雄蝇和雌蝇交配后,即死去,雌蝇在牛身上产完卵后也死去。蝇卵经几天孵化出第一期幼虫并钻入皮肤,沿外周神经钻行到腰荐部脂肪组织中。约经5个月后,发育为第二期幼虫,到达腰部、背部和荐部的皮下。幼虫到达皮下后,分泌皮蝇毒素,在皮肤上形成一个小孔,以保证虫体自身的空气供应和代谢产物的排出。在这里发育约 2.5 个月,经蜕皮变为第三期幼虫。发育成熟后,从牛皮里钻出,落地成蛹。蛹期 1～2 个月,等第二年春、夏季羽化为成蝇。牛皮蝇的整个发育周期约为一年。

☞ **48.** 牛皮蝇蛆病的临床表现有哪些? 如何诊断?

在牛皮蝇的成蝇飞翔季节,尽管其不叮咬牛,但引起牛惊恐和狂奔,严重影响牛采食、休息,造成牛消瘦、外伤、流产,产奶量减少等损害。

当幼虫钻入皮下时引起疼痛、瘙痒。在深部组织内移行时,可造成组织损伤。第三期幼虫寄生在皮下时,局部形成瘤状肿,每头牛少则仅仅寄生几个幼虫,最多的可达上百个幼虫。瘤状肿突出于皮肤表面,局部脱毛,质地坚硬。皮肤穿孔后,可因化脓菌感染,造成创口化脓。

诊断:该病一般仅发生于从春季起就在牧场上放牧的牛群,而舍饲牛群发病较少。结合流行情况调查、临床表现,可做出初步诊断。如在瘤状肿内检出虫体,即可确诊。

☞ **49.** 如何防治牛皮蝇蛆病?

为阻止牛皮蝇成虫在牛体表产卵,杀死牛体表的一期幼虫,可用 0.01％溴氰菊酯或 0.02％敌虫菊酯,在牛皮蝇成虫活动季节,对牛进行体表喷洒,每头牛平均用药 500 mL,每 20 d 喷一次,一个流行季节喷洒 4～5 次。

消灭幼虫可用化学药物或机械方法。化学药物多用有机磷杀虫药,可用 4％的蝇毒磷,0.3 mg/kg 体重;3％倍硫磷乳剂,0.3 mg/kg 体重;8％的皮蝇磷液,0.33 mg/kg 体重,在 4～10 月间,沿着背线浇注。也可在 8~10 月间，用 5 mg/kg 体重剂量的倍硫磷臀部肌肉注射。或用剂量为 0.2 mg/kg 体重的伊维菌素皮下注射对本病也有良好的治疗效果。对于背部出现的三期幼虫，可用 2% 敌百虫，每头牛 300 mL，背部涂擦。在 3 月中旬至 6 月底进行，每隔 30 d 一次，可收到良好效果。机械法即用手指压迫皮孔周围，将幼虫挤出，并将其杀死。由于幼虫的成熟时间不同，故每隔 10 d 需重复操作，但需注意勿将虫体挤破，以免引起过敏反应。

☞ 50. 牛螨病是如何发生的?

该病又称疥癣，俗称癞病，是由数种螨虫寄生在牛的皮肤上引起的一种慢性皮肤病。螨虫包括疥螨、痒螨和足螨。

螨病主要是通过病牛和健康牛直接接触传播的，也可通过被螨或卵污染的圈舍、用具，造成间接接触感染。饲养员、牧工、兽医等的衣服和手，均可引起螨病的传播。本病主要发生于秋末、冬季和初春，这段时间因日照不足，尤其是遇到雨雪天气，圈舍潮湿，体表湿度较大，同时这个时期牛体被毛较为浓密，非常适合螨的发育和繁殖。夏季牛毛大量脱落，皮肤受日光照射，比较干燥，螨虫大部分死亡，只有少数藏匿于身体隐秘部位，到了秋季，随气候的变化，少数藏匿螨虫又重新活跃，不但引起明显的螨病症状，而且成为最危险的传染来源。

☞ 51. 牛螨病的临床表现有哪些? 如何诊断?

症状：剧痒，脱毛，皮肤发炎，形成痂皮、脱屑，重症者常消瘦。疥螨多发生在面部、颈部、背部、尾根等处，严重的可波及全身。皮肤发红变厚，出现丘疹、水疱，继发细菌感染可形成脓疱。严重感染时病牛消瘦，在颈部和肋部形成龟裂，皮肤干燥，脱屑。少数患病的犊牛可因食欲丧失，衰竭而死亡。痒螨多发生在颈部、角根部、尾根，可蔓延到垂肉和肩胛两侧,严重时波及全身。患病部位被毛大片脱落,皮肤上形成水疱,脓疱,结痂。由于淋巴液、组织液的渗出,同时动物啃咬舔舐,使患病部位潮湿污秽。在冬季早晨,患部结有一层白霜,非常醒目。严重感染时,特别是幼犊感染时,往往引起死亡。足螨主要寄生于尾根、肛门附近及蹄部。

诊断:对有明显症状的可疑牛只,根据发病季节、剧痒、患部皮肤的变化等可做出初步诊断。只要在皮肤发病和健康交界处刮取皮屑,显微镜下检查,发现虫体,即可确诊。

☞ 52. 如何治疗牛螨病?

治疗前对患病部位要剪毛去痂,彻底洗净,再涂擦药物。

可用敌百虫配成 0.5%～1% 的水溶液来涂擦患部,1 周后再涂 1 次。

也可选用 0.025%～0.05% 蝇毒磷、0.025% 螨净、0.05% 双甲脒、0.05% 溴氰菊酯进行药液喷洒和涂擦。

此外,还可用 0.2 mg/kg 体重剂量的伊维菌素注射液,皮下注射;或用 2% 碘硝酚注射液,以 10 mg/kg 体重,颈部皮下注射,间隔 7 d 用药量两次。

☞ 53. 牛虱病是如何发生的?

该病是由寄生于牛皮肤上的多种虱而引起的一种皮肤寄生虫病。病原包括牛血虱、牛管虱、牛颚虱、牛毛虱等,虽然它们的形态有所不同,但一生都经过卵、幼虫、若虫、成虫等几个发育阶段。雌虱一昼夜产卵 1～4 个,附在毛根上,经 14 d 孵化为幼虫,幼虫经几次蜕皮,就从若虫变为成虫。雌、雄成虫交配后,雄虱就死去,雌虱产卵能持续 14～21 d,虱卵产完也即死亡。

本病在我国分布很广,在东北、华北、西北、内蒙古等地农村牧区多见。虱的传播主要靠直接接触,有时梳刷工具能引起间接传播。牛虱病一年四季都可发生,但主要在冬、春、秋3季多发。

☞54. 牛虱病有何临床表现?怎样防治?

血虱除了虱卵外,其他发育阶段都吸血,每天吸血2~3次,每次吸血0.1~0.2 mL,持续5~30 min。大量虱的寄生,使牛发生贫血、消瘦,虫体叮咬,可引起皮肤瘙痒,进而影响牛的休息、睡眠、采食,尤其对犊牛的影响更大。毛虱虽不吸血,但能引起皮肤痒感,精神不安。犊牛常因舔吮患部造成食毛癖,在胃内形成毛球。此外,虱还可传播其他疾病,所以灭虱十分必要。

常用的灭虱药有菊酯类和有机磷类,如溴氰菊酯(敌杀死),配成0.005%~0.008%的水溶液涂擦患部;氰戊菊酯(速灭杀丁),用0.1%的乳剂喷牛的体表;此外,倍硫磷、蝇毒磷、伊维菌素等也有很好的效果。

附　录

附录 A　奶牛饲养允许使用的抗菌药、抗寄生虫药和生殖激素类药及其使用规定（规范性附录）

附表 1　奶牛饲养饲料允许使用的抗菌药、抗寄生虫药和生殖激素类药及其使用规定《规范性附录》

类别	药名	制剂	用法与用量（用量以有效成分计）	休药期
抗菌药	氨苄西林钠 ampicillin sodium	注射用粉针	肌肉、静脉注射，一次量 10～20 mg/kg 体重，2～3 次/d，连用 2～3 d	6 d,奶废弃期 2 d
		注射液	皮下或肌肉注射，一次量 5～7 mg/kg	
	氨苄西林钠＋氯唑西林钠（干乳期）ampicillin sodium ＋ cloxacillin sodium(dry cow)	乳膏剂	乳管注入，干乳期奶牛，每乳室氨苄西林钠 0.25 g＋氯唑西林钠 0.5 g,隔 3 周再输注 1 次	28 d,奶废弃期 30 d
	氨苄西林钠＋氯唑西林钠（泌乳期）ampicillin sodium ＋ cloxacillin sodium(milking cow)	乳膏剂	乳管注入，泌乳期奶牛，每乳室氨苄西林钠 0.075 g＋氯唑西林钠 0.2 g,2 次/d,连用数天	7 d,奶废弃期 2.5 d
	苄星青霉素 benzathine benzylpenicillin	注射用粉针	肌肉注射，一次量 2 万～3 万 U/kg 体重，必要时 3～4 d 重复 1 次	30 d,奶废弃期 3 d
	苄星邻氯青霉素 benzathine cloxacillin	注射液	乳管注入，每乳室 50 万 U	28 d 及产犊后 4 d 的奶，泌乳期禁用
	青霉素钾（钠）benzylpenicillin potassium（sodium）	注射用粉针	肌肉注射，一次量 1 万～2 万 U/kg 体重，2～3 次/d，连用 2～3 d	奶废弃期 3 d

续表1

类别	药名	制剂	用法与用量（用量以有效成分计）	休药期
抗菌药	硫酸小檗碱 berberine sulfate	注射液	肌肉注射，一次量 0.15～0.4 g	0 d
	头孢氨苄 cefalexin	乳剂	乳管注入，每乳室 200 mg，2 次/d，连用 2 d	奶废弃期 2 d
	氯唑西啉钠 cloxacillin sodium	注射用粉针	乳管注入，泌乳期奶牛，每乳室 200 mg	泌 10 d，奶废弃期 2 d
			乳管注入，干乳期奶牛，每乳室 200～500 mg	30 d
	恩诺沙星 enrofloxacin	注射液	肌肉注射，一次量 2.5 mg/kg 体重，1～2 次/d，连用 2～3 d	28 d，泌乳期禁用
	乳糖酸红霉素 erythromycin lactobionate	注射用粉针	静脉注射，一次量 3～5 mg/kg 体重，2 次/d，连用 2～3 d	21 d，泌乳期禁用
	土霉素 oxytetracycline	注射液（长效）	肌肉注射，一次量 10～20 mg/kg 体重	28 d，泌乳期禁用
	盐酸土霉素 oxytetracycline hydrochloride	注射用粉针	静脉注射，一次量 5～10 mg/kg 体重，2 次/d，连用 2～3 d	19 d，泌乳期禁用
	普鲁卡因青霉素 procaine benzylpenicillin	注射用粉针	肌肉注射，一次量 1 万～2 万 U/kg 体重，1 次/d，连用 2～3 d	10 d，奶废弃期 3 d
	硫酸链霉素 streptomycin sulfate	注射用粉针	肌肉注射，一次量 10～15 mg/kg 体重，2 次/d，连用 2～3 d	14 d，奶废弃期 2 d
	磺胺嘧啶 sulfadiazine	片剂	内服，一次量，首次量 0.14～0.2 g/kg 体重，维持量 0.07～0.1 g/kg 体重，2 次/d，连用 3～5 d	8 d，泌乳期禁用
	磺胺嘧啶钠 sulfadiazine sodium	注射液	静脉注射，一次量 0.05～0.1 g/kg 体重，1～2 次/d，连用 2～3 d	10 d，奶废弃期 2.5 d
	复方磺胺嘧啶钠 compound sulfadiazine sodium	注射液	肌肉注射，一次量 20～30 mg/kg 体重（以磺胺嘧啶计），1～2 次/d，连用 2～3 d	10 d，奶废弃期 2.5 d

续表1

类别	药名	制剂	用法与用量 （用量以有效成分计）	休药期
抗 菌 药	磺胺二甲嘧啶 sulfadi- midine	片剂	内服，一次量，首次量 0.14～ 0.2 g/kg 体重，维持量 0.07～ 0.1 g/kg 体重，1～2 次/d，连用 3～5 d	10 d，泌乳期 禁用
	磺胺二甲嘧啶钠 sul- fadimidine sodium	注射液	静脉注射，一次量 0.05～ 0.1 g/kg 体重，1～2 次/d，连用 2～3 d	10 d，泌乳期 禁用
抗 寄 生 虫 药	阿苯达唑 albendazole	片剂	内服，一次量 10～15 mg/kg 体重	27 d，泌乳期 禁用
	双甲脒 amitraz	溶液	药浴、喷洒、涂擦，配成 0.025%～0.05% 的溶液	1 d，奶废弃期 2 d
	青蒿琥酯 artesunate	片剂	内服，一次量 5 mg/kg 体重，首 次量加倍，2 次/d，连用 2～4 d	
	溴酚磷 bromphenophos	片剂、 粉剂	内服，一次量 12 mg/kg 体重	21 d，奶废弃期 5 d
	氯氰碘柳胺钠 closantel sodium	片剂、 混悬液	内服，一次量 5 mg/kg 体重	28 d，奶废弃期 28 d
生 殖 激 素 类 药	甲基前列腺素 $F_{2\alpha}$ carboprost	注射液	肌肉注射或宫颈内注入，一次 量 2～4 mg/kg 体重	
	绒促性素 chorionic gonadotrophin	注射用 粉针	肌肉注射，一次量 1 000～ 5 000 U，2～3 次/周	泌乳期禁用
	苯甲酸雌二醇 estradiol benzoate	注射液	肌肉注射，一次量 5～20 mg	泌乳期禁用
	醋酸促性腺激素释放 激素 fertirelin acetate	注射液	肌肉注射，一次量 100～200 μg	泌乳期禁用
	促黄体素释放激素 A_2 lutropin releasing hor- mone A_2	注射液 用粉针	肌肉注射，一次量，排卵迟滞 12.5～25 μg；卵巢静止 25 μg， 1 次/日，可连用至 3 次；持久 黄体或卵巢囊肿 25 μg，1 次/ 日，可连用至 4 次	泌乳期禁用

续表1

类别	药名	制剂	用法与用量（用量以有效成分计）	休药期
生殖激素类药	促黄体素释放激素 A₃ lutropin releasing hormone A₃	注射用粉针	肌肉注射，一次量 25 μg	泌乳期禁用
	垂体促卵泡素 pituitary follitropin	注射用粉针	肌肉注射，一次量 100～150 U，隔 2 d 一次，连用 2～3 次	泌乳期禁用
	垂体促黄体素 pituitary lutropin	注射用粉针	肌肉注射，一次量 100～200 U	泌乳期禁用
	黄体酮 progesterone	注射液	肌肉注射，一次量 5～100 mg	12 d，泌乳期禁用
	复方黄体酮 compound progesterone	缓释圈	阴道插入，一次量黄体酮 1.55 g ＋苯甲酸雌二醇 10 mg	泌乳期禁用
	缩宫素 oxytocin	注射液	皮下、肌肉注射，一次量 30～100 U	泌乳期禁用
	氨基丁三醇前列腺素 A₂ₐ prostaglandin F₂ₐ tromethamine	注射液	肌肉注射，一次量 25 mg	泌乳期禁用
	血促性素 sera gonadotrophin	注射用粉针	皮下、肌肉注射，一次量，催情 1 000～2 000 U；超排 2 000～4 000 U	泌乳期禁用

附录 B 食品动物禁用的兽药及其化合物清单
(中华人民共和国农业部公告第 193 号)

为保证动物源性食品安全,维护人民身体健康,根据《兽药管理条例》的规定,我部制定了《食品动物禁用的兽药及其他化合物清单》(以下简称《禁用清单》),现公告如下:

一、《禁用清单》序号 1~18 所列品种的原料药及其单方、复方制剂产品停止生产,已在兽药国家标准、农业部专业标准及兽药地方标准中收载的品种,废止其质量标准,撤销其产品批准文号;已在我国注册登记的进口兽药,废止其进口兽药质量标准,注销其《进口兽药登记许可证》。

二、截至 2002 年 5 月 15 日,《禁用清单》序号 1~18 所列品种的原料药及其单方、复方制剂产品停止经营和使用。

三、《禁用清单》序号 19~21 所列品种的原料药及其单方、复方制剂产品不准以抗应激、提高饲料报酬、促进动物生长为目的在食品动物饲养过程中使用。

附表 2 食品动物禁用的兽药及其他化合物清单

序号	兽药及其他化合物名称	禁止用途	禁用动物
1	β-兴奋剂类:克仑特罗 Clenbuterol、沙丁胺醇 Salbutamol、西马特罗 Cimaterol 及其盐、酯及制剂	所有用途	所有食品动物
2	性激素类:己烯雌酚 Diethylstilbestrol 及其盐、酯及制剂	所有用途	所有食品动物
3	具有雌激素样作用的物质:玉米赤霉醇 Zeranol、去甲雄三烯醇酮 Trenbolone、醋酸甲孕酮 Mengestrol, Acetate 及制剂	所有用途	所有食品动物
4	氯霉素 Chloramphenicol 及其盐、酯(包括琥珀氯霉素 Chloramphenicol succinate)及制剂	所有用途	所有食品动物

续表

序号	兽药及其他化合物名称	禁止用途	禁用动物
5	氨苯砜 Dapsone 及制剂	所有用途	所有食品动物
6	硝基呋喃类：呋喃唑酮 Furazolidone、呋喃它酮 Furaltadone、呋喃苯烯酸钠 Nifurstyrenate sodium 及制剂	所有用途	所有食品动物
7	硝基化合物：硝基酚钠 Sodium nitrophenolate、硝呋烯腙 Nitrovin 及制剂	所有用途	所有食品动物
8	催眠、镇静类：安眠酮 Methaqualone 及制剂	所有用途	所有食品动物
9	林丹（丙体六六六）Lindane	杀虫剂	所有食品动物
10	毒杀芬（氯化烯）Camphechlor	杀虫剂、清塘剂	所有食品动物
11	呋喃丹（克百威）Carbofuran	杀虫剂	所有食品动物
12	杀虫脒（克死螨）Chlordimeform	杀虫剂	所有食品动物
13	双甲脒 Amitraz	杀虫剂	水生食品动物
14	酒石酸锑钾 Antimony potassium tartrate	杀虫剂	所有食品动物
15	锥虫胂胺 Tryparsamide	杀虫剂	所有食品动物
16	孔雀石绿 Malachite green	抗菌、杀虫剂	所有食品动物
17	五氯酚酸钠 Pentachlorophenol sodium	杀螺剂	所有食品动物
18	各种汞制剂包括：氯化亚汞（甘汞）Calomel、硝酸亚汞 Mercurous nitrate、醋酸汞 Mercurous acetate、吡啶基醋酸汞 Pyridyl mercurous acetate	杀虫剂	所有食品动物
19	性激素类：甲基睾酮 Methyltestosterone、丙酸睾酮 Testosterone Propionate、苯丙酸诺龙 Nandrolone Phenylpropionate、苯甲酸雌二醇 Estradiol Benzoate 及其盐、酯及制剂	促生长	所有食品动物
20	催眠、镇静类：氯丙嗪 Chlorpromazine、地西泮（安定）Diazepam 及其盐、酯及制剂	促生长	所有食品动物
21	硝基咪唑类：甲硝唑 Metronidazole、地美硝唑 Dimetronidazole 及其盐、酯及制剂	促生长	所有食品动物

注：食品动物是指各种供人食用或其产品供人食用的动物。

二○○二年四月九日

参 考 文 献

[1] 徐照学. 奶牛饲养与疾病防治手册. 北京：中国农业出版社，2003.

[2] 侯引绪. 奶牛疾病诊断防治. 赤峰：内蒙古科学技术出版社，2003.

[3] 肖定汉. 奶牛病学. 北京：中国农业出版社，2002.

[4] 肖定汉. 奶牛疾病防治. 北京：金盾出版社，2003.

[5] 李建国，安有福. 奶牛标准化生产技术. 北京：中国农业大学出版社，2003.

[6] 王福兆. 乳牛学. 北京：科学技术文献出版社，2004.

[7] 邱怀. 现代乳牛学. 北京：中国农业出版社，2002.

[8] 宣华. 牛病防治手册. 北京：金盾出版社，2003.

[9] 赵德明. 奶牛病学. 北京：中国农业大学出版社，1999.

[10] 蔡宝祥. 家畜传染病学. 北京：中国农业出版社，2001.

[11] 汪明. 兽医寄生虫学. 3版. 北京：中国农业出版社，2003.

[12] 肖定汉. 奶牛养殖与疾病防治. 北京：中国农业大学出版社，2004.

[13] 齐长明. 奶牛疾病学. 北京：中国农业科学技术出版社，2006.

[14] 李雁龙. 奶牛疾病防治手册. 北京：科学技术文献出版社，2006.

[15] 杨泽霖. 奶牛模式化饲养管理与疾病防治实用技术. 北京：中国农业出版社，2007.

[16] 李成富. 实用奶牛喂养与疾病防治. 郑州：河南科学技术出版社，2008.

[17] 王志. 奶牛疾病防治. 北京：金盾出版社，2009.

[18] 邓于臻. 奶牛疾病快速诊断与防治. 广州：广东人民出版社，2009.

[19] 蒋兆春. 奶牛健康养殖与疾病合理防控. 北京：中国农业出版社，2010.

［20］徐世文．寒地奶牛常见疾病防治技术精选．北京：中国农业出版社，
2010.

［21］李建国．奶牛饲养与繁殖技术指南．北京：中国农业大学出版社，
2003.

［22］桑润滋．奶牛养殖小区建设与管理．北京：中国农业出版社，2005.